Zeisset | Fabry

Social Media für Landwirte

Jutta Zeisset | Thomas Fabry

ulmer

Social Media für Landwirte

Facebook, Snapchat & Co.

mit Fototipps von Anna Huber

40 Farbfotos

Inhalt

Geleitworte

Geleitwort von Julia Klöckner

Foto: BPA/Steffen Kugler

Eins vorweg: Persönliche Begegnungen sind mir immer noch lieber als digitale. Aber die „digitale Theke" ist eine wunderbare Ergänzung zur realen. Und wer sie nicht nutzt, der verpasst Chancen – auch um sich sachlich in Debatten einzumischen, die allzu oft emotional und im Schwarz-Weiß-Muster geführt werden. Meine Aktivitäten im Internet sind vielfältig: Homepage? Klar. Twitter, Facebook? Beides. Instagram? Auch. Snapchat ist noch nicht mein Ding. Meinen ersten Tweet habe ich 2009 abgesetzt. Ungewohnt, skeptisch, aber neugierig. In den USA war das Medium schon längst der Renner. Ich konnte mir kaum vorstellen, dass das eine Plattform war, um selbst sein eigener Publizist zu sein, um mit Journalisten, Verbändevertretern oder Bürgern aus dem Wahlkreis in Kontakt zu treten. Erst habe ich nur Text gepostet, dann aber auch Bilder und kleine Filmchen. Und die Follower-Zahl stieg. Anfangs wurde ich von älteren Kollegen noch belächelt. Politik ist häufig ein „Closed shop" und auf einmal fängt eine an, ihre Meinung und ihre Informationen ins Netz zu stellen. Einfach so. Ohne lange Abstimmung, ohne Pressestelle. Ein Unding. Aber seitdem aus Tweets zitiert wird wie aus Pressemitteilungen und Radio- oder Fernseh-O-Tönen, sieht die Sache anders aus. Immer mehr Kollegen sind auf die 140 Zeichen gekommen – und jetzt sind es ja mittlerweile mehr Wörter, die in einen Tweet passen. Was damals exotisch war, ist heute Mainstream.

Ich habe die sozialen Medien immer schon als Chance gesehen. Als Chance, die Bürger in unserem Land besser, direkter und zwangloser zu erreichen. Alle Altersgruppen auf dem Land oder in der Stadt, politikaffin oder nicht. Aus diesem Grund bin ich auf den so genannten sozialen Kanälen aktiv, auch eine eigene App habe ich mittlerweile, in der meine Aktivitäten im Netz zusammengeführt und gebündelt werden. Bürger informieren sich unterschiedlich – und wo diskutiert und sich eine Meinung gebildet wird, sollten Politiker nicht darüber hinweg sehen, sondern aktiv mitmachen. Auch wenn es unkonventionell zugeht. Über Twitter und Facebook haben sich schon Leute bei mir beworben um eine Stelle, auch mit Erfolg.

Im Übrigen haben Bürger heute einen anderen Zugang zur Politik und Umgang mit Politikern als noch vor 30 Jahren: Es reicht nicht mehr, nur auf den Marktplatz zum Bürgerfest zu gehen. Präsenz in den Onlineforen ist ebenso wichtig. Wie gesagt: Nicht nur die analoge, auch die digitale Theke muss besucht werden. Denn politische Kommunikation, wie ich sie verstehe, ist keine Einbahnstraße. Die sozialen Netzwerke sind wichtige Dialogmedien – der Austausch mit den Bürgern dort ist ebenso wichtig wie das Gespräch am Infostand in der

Fußgängerzone. In den sozialen Medien haben die Bürgerinnen und Bürger die Möglichkeit zu jeder Uhrzeit zu antworten, zu diskutieren, zu kritisieren. Das ist nicht immer angenehm. Aber es schafft eine stärkere Verbindung und es zeigt mir, wie die Stimmung im Land ist. Deswegen habe ich bereits 2015 als erste Bundespolitikerin Facebook-Sprechstunden angeboten. Eine tolle Erfahrung. Und als Bundeslandwirtschaftsministerin werde ich auch weiterhin die Social Media Angebote meines Ministeriums stetig weiterentwickeln und auch neue, digitale Formate ausprobieren. Deswegen frage ich auch immer die Mädchen und Jungs, die ich bei Veranstaltungen wie dem „Girls und Boys Day" treffe, auf welchen Kanälen sie unterwegs sind, welche Foren sie nutzen, welchen Influencern sie folgen. Es ist wichtig, immer neugierig und offen zu bleiben.
Ich habe mich deshalb sehr über die Auszeichnung mit dem SignsAward für Ehrlichkeit in der Kommunikation gefreut, den ich im Juni in München verliehen bekommen habe. Denn als „politische Influencerin" trägt man Verantwortung. Ehrliche, reflektierte und faktenbasierte Kommunikation ist notwendig, um auch unbegründeten Quertreibern und Querulanten die Stirn zu bieten. Und: Keine Angst vor Shitstorms! Ehrlichkeit heißt: richtig, korrekt, aber eben auch verlässlich und anständig zu sein. Das sollte unser Maßstab, unser Anspruch an uns selbst sein.
Was für die Politik gilt, gilt auch für die Landwirtschaft. Wer es ernst meint, die Landwirtschaft als Teil der Gesellschaft zu begreifen, der muss in den interaktiven Dialog einsteigen, der muss im öffentlich-digitalen Raum mitreden. Das bietet die Chance, unsachliche Diskussionen mit Fachwissen zu justieren. Die Chance, Einblick zu geben, in die „echte" Landwirtschaft. Die Chance, die Deutungshoheit über Landwirtschaft zu behalten. Jede Landwirtin und jeder Landwirt auf Twitter, Instagram oder WhatsApp trägt dazu bei, die Anliegen der Branche in den gesellschaftlichen Diskurs zu tragen, Werbung zu machen für die eigene Sache. Und dann Bilder dazu – Einblicke sind wichtig! Ich möchte Sie ermuntern, los zu zwitschern. Verleihen Sie der Landwirtschaft auch im Internet eine starke Stimme!

Julia Klöckner
Bundesministerin für
Ernährung und Landwirtschaft

Geleitwort von Thomas Hutter

Facebook – Marketing in der Landwirtschaft

Foto: Boris Baldinger

Die digitale Transformation – und damit auch verbunden digitales Marketing und digitale Kommunikation – macht vor keiner Branche Halt. Die Digitalisierung ist in der Landwirtschaft schon vor langer Zeit angekommen, synchronfahrende und ferngesteuerte Traktoren und Mähdrescher, automatisierte Fütterungs- und Melkprozesse, Datenbanken mit Futter-, Boden- und Tierdaten in der Cloud, elektronische Buchhaltung etc. gehören bei vielen Landwirtschaftsbetrieben bereits zum Alltag. Zur Digitalisierung gehören aber auch Kommunikation und Marketing im Internet.

Und was würde sich für digitale Kommunikation und digitales Marketing besser eignen als Social Media und darin das größte soziale Netzwerk Facebook mit seinen „Schwestern" Instagram und WhatsApp? Facebook & Co. eröffnen Landwirten neue Chancen für Dialog und Marketing mit Endkunden, aber auch mit kritischen Marktbegleitern. Landwirte erhalten die Möglichkeit, mit geschicktem Einsatz von Facebook ihr Fachwissen zu transportieren, Endkunden und Partner zu informieren und Aufmerksamkeit für ihre Bedürfnisse rund um diesen wichtigen Wirtschaftsbereich zu schaffen. Gleichzeitig können sie Aufklärung betreiben, Positionen verteidigen und mit Authentizität und Empathie die Sympathie für die Landwirtschaft erhöhen.

Einfache Videos, die Zusammenhänge erklären, Fotos, die den Anbau, die Bewirtschaftung und die Ernte zeigen, kurze Ein- und Schulterblicke in den strengen Arbeitsalltag, tolle Bilder von neuem Leben – es braucht nicht viel, nur Mut zu Neuem, die richtige Empathie, eine Portion Ehrlichkeit, Authentizität und ein bisschen Kommunikationsgeschick sowie den Einsatz moderner Technik, die mittlerweile in die Jackentasche passt.

Die ersten Schritte in die digitale Kommunikation und das digitale Marketing wird mit den Tipps aus diesem Buch möglich sein – die beiden Autoren Jutta Zeisset und Thomas Fabry haben in der Praxis bereits bewiesen, was mit Fingerspitzengefühl, Mut und Authentizität in der täglichen Arbeit in den digitalen Netzen möglich ist!

Thomas Hutter

Thomas Hutter ist Inhaber und Geschäftsführer der Hutter Consult AG. Er ist einer der renommiertesten Facebook-Marketing-Experten im deutschsprachigen Raum und ein sehr gefragter Berater für große und mittlere Unternehmen, Organisationen und Agenturen in der Schweiz, Deutschland und Österreich rund um Facebook-Marketing, Facebook-Advertising und den kommerziellen Einsatz von Facebook. Er doziert an der Hochschule für Wirtschaft Zürich (HWZ), unterrichtet als Seminarleiter bei namhaften Trainingsanbietern in

Deutschland, Österreich und der Schweiz und referiert im Rahmen diverser Fackkonferenzen zu Facebook-Marketing und -Werbung. Neben seiner Berater- und Dozententätigkeit schreibt er Fachartikel für namhafte Zeitungen und Fachzeitschriften. Sein Blog zu Facebook-Marketing thomashutter.com gilt als eine der Ressourcen zu den aktuellen Entwicklungen im Bereich Facebook-Marketing im deutschsprachigen Raum.

Geleitwort von Xochilt Balzola-Widmann

Foto: Facebook Deutschland

Berichte über Unternehmen in der Presse oder im Fernsehen handeln meist von den großen globalen Firmen, sodass leicht der Eindruck entstehen kann, nur dort spiele die Musik. Entgegen dieser Präsenz von Großunternehmen sind es doch gerade die kleinen und mittelständischen Unternehmen, die eine bedeutende Position in der lokalen Wirtschaft einnehmen. In diesen lokalen Unternehmen werden innovative Ideen geboren und Arbeitsplätze geschaffen, sodass wirtschaftliches Wachstum entsteht.
Moderne Unternehmerinnen und Unternehmer können im Vergleich zu früher auf eine Vielzahl von Maßnahmen zugreifen, die noch vor 10 Jahren fast undenkbar waren. Social Media und insbesondere Facebook haben einen radikalen Umbruch in der Werbeindustrie erzeugt: Noch nie war es für kleine Unternehmen so einfach, eine deutschland-, europa- oder sogar weltweite Präsenz aufzubauen.
Noch nie war es so einfach, direkt mit dem Kunden in Kontakt zu treten und sich einen Kundenstamm aufzubauen.
Noch nie war Werbung so effizient in Bezug auf die Definition der Zielgruppe oder im Messen des Werbeerfolgs in klaren Zahlen.
Jutta Zeisset und Thomas Fabry zeigen in diesem Buch, wie der konsequente Aufbau und die kontinuierliche Pflege des Facebook-Auftritts zum Erfolg des eigenen Unternehmens beitragen kann. Werbung auf Social Media und auf dem Smartphone – richtig durchgeführt – führt zu nachhaltigem Wachstum. Mit dem Erkennen der Wichtigkeit der digitalen Tools und Möglichkeiten ist bereits der erste Schritt zur Umsetzung einer erfolgreichen Marketing-Strategie getan.
Das Beste ist: Es macht Spaß – Jutta Zeisset und Thomas Fabry zeigen, dass wertvolles Wissen um die Nutzung von Social Media im Selbststudium möglich ist. Jede Unternehmerin und jeder Unternehmer kann selbst mit erfolgreichem Marketing starten. Dafür ist nicht unmittelbar das Expertenwissen von Online-Marketing-Agenturen nötig – die kochen nämlich auch nur mit Wasser.

Xochilt Balzola-Widmann

Xochilt Balzola-Widmann ist Country Director Facebook Mexico. Sie war zuvor als Director SMB & Gaming EMEA bei Facebook für kleine und mittelständische Unternehmen in Europa, dem Mittleren Osten und Afrika zuständig. Gemeinsam mit ihrem Team entwickelt sie Initiativen und Programme, die Unternehmen dabei unterstützen, ihr Geschäftswachstum mit Facebook voranzutreiben. Einen Großteil ihrer Karriere verbrachte Xochilt Balzola-Widmann in München bei dem Computer- und Videospielekonzern ActivisionBlizzard als Executive Vice President Europe. Außerdem arbeitete sie bei Dassault Systèmes 3DEXCITE sowie als Director Kindle Mitteleuropa für Amazon. Bevor sie zu Facebook wechselte, war Xochilt Balzola-Widmann Chief Sales Officer beim deutschen Start-up Westwing Home & Living.

Geleitwort von Joachim Rukwied

Foto: DBV/Gero Breloer

Soziale Medien sind heute ein fester Bestandteil der Presse- und Öffentlichkeitsarbeit. Die Entwicklung ist an der Landwirtschaft nicht spurlos vorübergegangen. Die Autoren Jutta Zeisset und Thomas Fabry haben diesen Trend frühzeitig erkannt. Wer nicht auf diesen Plattformen unterwegs ist, findet bei vielen Zielgruppen in der Öffentlichkeit kein Gehör. Daher engagieren sich auch Nichtregierungsorganisationen massiv in diesem Feld.
Für unsere Branche ist es elementar wichtig, Soziale Medien für ein positives Image der Landwirtschaft zu bespielen. Die Protagonisten dieses Buches zeigen, wie sich Landwirte in diesen Netzwerken bewegen und sich Gehör verschaffen können. Denn der Landwirt als authentischer Botschafter ist in Sozialen Medien glaubwürdig. Dieses Engagement unterstützen die Bauernverbände.
Der Landesbauernverband in Baden-Württemberg (LBV) hat als einer der ersten Bauernverbände Schulungen für seine Mitglieder angeboten und für Öffentlichkeitsarbeit in den sozialen Netzwerken geworben. Mit dem richtigen Handwerkszeug sowie detailliertem Wissen über die Onlineplattformen und deren Vor- und Nachteile hat die Social-Media-Expertin Jutta Zeisset unsere Landwirte für den Einsatz begeistert und fit gemacht.
Der LBV setzt in seiner PR-Arbeit ebenfalls auf Twitter, Facebook und Instagram. Wir haben die Marke @BWBauern in diesen Netzwerken etabliert und können unterschiedliche Zielgruppen über unsere praktische und politische Arbeit informieren. Unsere Landfrauen Württemberg-Hohenzollern schreiten bei diesem Thema ebenfalls voran. Ich selbst weiß diese Medien zu schätzen. Über meinen Twitterkanal @JRukwied kommuniziere ich politische Inhalte als Bauernpräsident, aber auch meine praktische Arbeit als leidenschaftlicher Landwirt.
Je mehr Bäuerinnen und Bauern in der digitalen Welt für die Landwirtschaft unterwegs sind, desto häufiger nehmen uns andere Nutzer auch in der analogen Wirklichkeit wahr. Danke an alle, die sich schon heute in diesem Feld für unseren Berufsstand stark machen! Viele bekannte Netz-Persönlichkeiten zeigen in diesem Buch ihr außerordentliches

Engagement und informieren als Best-Practice-Beispiel darüber, wie und welche Sozialen Medien sie anwenden.
Werden Sie aktiv! Bleiben Sie dran! Denn: Gemeinsam schaffen wir im World Wide Web ein positives Grundrauschen für unsere Landwirtschaft.

Ihr Joachim Rukwied

Joachim Rukwied ist passionierter Landwirt und Weingärtner aus Eberstadt bei Heilbronn. Nach landwirtschaftlicher Lehre und Diplom an der FH Nürtingen stieg er in den elterlichen Betrieb ein. Er ist seit 1994 selbstständiger Betriebsleiter. Frühzeitig engagierte sich Rukwied ehrenamtlich in der Landwirtschaft, seit 1993 im Kreisbauernverband Heilbronn. Drei Jahre später wählten ihn die Bauern zum Kreisvorsitzenden. Seit 2006 ist Rukwied Präsident des Landesbauernverbandes in Baden-Württemberg (LBV) und seit 27. Juni 2012 führt er als Präsident auch den Deutschen Bauernverband (DBV). Seitdem pendelt Rukwied zwischen Stuttgart, Berlin und Brüssel – seit 2017 arbeitet er zusätzlich für den Europäischen Bauernverband (COPA) als Präsident. Jede freie Minute verbringt er zu Hause, auf dem heimischen Acker oder im Weinberg.

Einleitung

Social Media – die Grundlagen

Jutta Zeisset

Wie häufig soll man posten?

Ich werde immer wieder gefragt, wie viel man posten sollte. Zuallererst: Es gibt hier keine Patentlösung und kein Muss oder Soll. Es gibt einen Richtwert bzw. einen Erfahrungswert, den ich immer wieder als gut empfinde. Seiten, die alle 3–4 Tage einen Post mit gutem, spannendem Inhalt posten, sind meist erfolgreicher als Seiten oder Profile, die nur alle 14 Tage Inhalte auf ihrem Portal veröffentlichen.

Zeigen Sie, dass Sie da sind

Wer spannend sein will und Reichweite generieren möchte, muss in den diversen sozialen Netzwerken zu sehen sein. Dort erscheinen Sie nur, wenn Sie Inhalte regelmäßig veröffentlichen.

Wussten Sie, dass ...

... aus der Fülle von Informationen, die in den sozialen Netzwerken täglich zu sehen sind, Ihnen als User (Nutzer) nur die Inhalte angezeigt werden, die das Netzwerk für Sie als relevant erachtet? Hier spielt die Interaktion mit Ihren Beiträgen eine große Rolle. Jeder Kommentar auf einen Ihrer Beiträge, jedes „Gefällt mir" oder jeder Beitrag, der geteilt wird, ist eine Interaktion.

Wie lautet mein Passwort?

Legen Sie sich ein Notizheft mit all Ihren Passwörtern und Zugangsdaten an!
Alternativ dazu kann dies auch eine Smartphone-App oder eine Passwortsoftware sein. Wichtig ist, dass Sie die Passwörter mit der dazugehörigen E-Mail-Adresse und dem Netzwerk notieren. Dies vereinfacht den Alltag sehr – gerade, wenn Sie sich ein neues Smartphone anschaffen, benötigen Sie all diese Daten.

Mobile Webseiten werden – im Vergleich zum Hochformat – im Querformat oft nicht so optimal dargestellt. Weisen Sie Ihre Kunden darauf hin, wenn diese sagen, dass die Webseite mobil (also auf dem Smartphone oder Tablet) nicht funktioniert.

Am Anfang steht die eigene Webseite

Die allerwichtigste Grundlage für eine erfolgreiche Social-Media-Arbeit ist eine eigene Webseite. Diese sollte sich allen Bildschirmformaten anpassen können. Man nennt dies „responsive".
Außerdem soll ein toller Social-Media-Post nicht auf Facebook & Co. enden, sondern idealerweise auf Ihrer eigenen Webseite mit allen Inhalten über Sie, Ihren Betrieb und Ihrer Philosophie. So können Ihre Follower („Fans") mehr über Sie erfahren und einen Eindruck von

Ihnen als Person und Ihrem Betrieb bekommen. Zeigen Sie auf Ihrer Webseite, wie Sie arbeiten, wie Ihre Tiere leben und erklären Sie dort Ihren Standpunkt.

Das ist Ihr Benutzername

Der Nutzername ist immer die URL, unter der Sie im jeweiligen Portal zu finden sind.
Beispiel: https://www.facebook.com/juttazeisset.de/
Hier ist mein Benutzername: juttazeisset.de
Ihren Benutzernamen wählen Sie ebenfalls so aus, dass er zu Ihrem Betrieb passt. Beachten Sie hierbei, dass er auf den verschiedenen Portalen gleich oder sehr ähnlich ist – sofern er noch frei ist.
Hier ein Beispiel mit meinem Benutzernamen:
MuseumsCafé & Hofladen Zeisset:
Bei Facebook haben wir den Nutzernamen: MuseumsCafeZeisset
Twitter: Museumscafe   YouTube: museumscafe
Instagram: zeisset_weisweil   Pinterest: museumscafe
Snapchat: museumscafe
Wo immer es geht, versuche ich, den Nutzernamen MUSEUMSCAFE zu sichern – hierfür muss man immer frühzeitig aktiv werden. Daher empfehle ich Ihnen, wenn Sie sich auf einen Nutzernamen festlegen wollen, diesen auf allen Portalen zu sichern – egal, ob Sie dieses Portal aktiv nutzen. Der Schaden, wenn jemand „Ihren" Nutzernamen verwendet, ist ungleich höher, als wenn Sie ihn sich reservieren und vorerst nicht aktiv verwenden.

Wieso Social Media für Landwirte?

Informationssuche im Internet

Ob über einen künftigen Stallbau, das Ausbringen von Gülle oder über mögliche Pflanzenschutzmaßnahmen – viele Menschen informieren sich heutzutage im Internet und in den sozialen Netzwerken. Die Landwirtschaft findet nicht unter Ausschluss der Öffentlichkeit statt – das ist gut so und sollte gefördert werden.

Mitreden als Chance

Immer mehr Themen werden aus den sozialen Netzwerken heraus in die Massenmedien getragen und bekommen dadurch eine eigene Dynamik. Gerade in diesen oft unsachlichen Diskussionen ist es unabdingbar, dass Landwirte mit ihrem Fachwissen die nötige Sachlichkeit einbringen. Niemand kann so authentisch über diesen wichtigen Wirtschaftszweig sprechen wie der Landwirt selbst.

Die technischen Möglichkeiten eines sogenannten Hashtags **#** prägen sehr oft Diskussionen. Wir denken hier an die bekannten Schlagworte, wie zum Beispiel Massentierhaltung, Glyphosat oder Nitrat. Die Dynamik, die die Themen im Internet entwickeln können, sind Chance und Risiko zugleich.

Öffentlichkeitsarbeit mit dem Smartphone
Landwirte können sich nahbar, authentisch und ansprechbar präsentieren. Erklären Sie Landwirtschaft so, dass auch Menschen diese verstehen, die nicht täglich damit zu tun haben. Sie werden erleben, dass Ihre Onlinearbeit Sie offline zu einem nahbaren Ansprechpartner in Ihrer Umgebung macht. Mit diesem Buch zeigen wir Ihnen, dass Öffentlichkeitsarbeit einfach, praktisch und derzeit kostenfrei machbar ist.

Zeigen Sie anderen, was Sie leisten
Lassen Sie sich auf die tolle Möglichkeit ein, Ihre tägliche Arbeit zu zeigen. Versetzen Sie sich ab und zu in die Lage der Menschen, die Ihre Lebensmittel verzehren. Sie werden überrascht sein, wie sich das Verhältnis zu diesen Menschen verändern wird.

Aus der Praxis

Die Landwirtin Gabriele Mörixmann nutzt Social Media für ihren Betrieb, um möglichst viele Menschen zu erreichen, die keine Landwirte persönlich kennen. „Es fragen viele Menschen gerne direkt den Landwirt – das spricht für eine höhere Akzeptanz und wir können transparenter arbeiten, was wiederum Vertrauen schafft“, so Mörixmann. Sie macht per Facebook auch auf die Möglichkeit aufmerksam, ihren Aktivstall für Schweine zu besuchen. Über die Netzwerke finden laut Mörixmann pro Woche mindestens zwei Gruppen den Weg in ihren Stall und buchen eine Führung. So werden in der Gesellschaft das Bewusstsein für moderne Tierhaltung erhöht und neue Zielgruppen erschlossen. Durch die stärkere Aufmerksamkeit der Sozialen Medien für die **Initiative Tierwohl** ist es Familie Mörixmann gelungen, ihre Tiere für

Die Autorin mit Landwirtin Gabi Mörixmann.
Quelle: Anna Huber

einen höheren Preis zu vermarkten. Die Landwirtin verwendet für ihre Social-Media-Arbeit pro Woche 5–10 Stunden. Aber: Nur wenn sie Lust darauf hat, denn: „Öffentlichkeitsarbeit soll vor allem Spaß machen."

Begeistern Sie andere für Ihre Arbeit

Versuchen Sie, die Menschen für Ihre tägliche Arbeit zu begeistern – das setzt jedoch voraus, dass auch Sie selbst von Ihrem erfüllenden Beruf überzeugt sind. Zeigen Sie Ihre echte, Leidenschaft zu Ihrer Tätigkeit und bleiben Sie dabei immer authentisch.

Öffentliches Interesse gewinnen

Gestalten Sie Ihre eigene Onlineredaktion: Während man bei klassischen Wegen auf Presseanfragen anderer angewiesen ist, können Sie in den sozialen Netzwerken selbst agieren und redaktionell tätig werden. Wertvolle Inhalte werden von Verbrauchern, Politikern, Journalisten und Nachbarn wahrgenommen und erzielen zusätzlich große Reichweiten.
In sozialen Netzwerken können Sie per Bild, Video oder Text verschiedenste Themen ansprechen und zielgruppenorientiert kommunizieren.

Ein Beispiel: Der Inhaber eines landwirtschaftlichen Betriebs mit Ackerbau und Milchvieh hat über seinen Stallneubau sehr offen und transparent in den sozialen Netzwerken berichtet. Von Anfang an hat er die Nachbarschaft und die Region in den Bau seines neuen Stalles miteinbezogen. Diese Offensive hat Verständnis für den Landwirt geschaffen, nämlich dafür, dass er seinen Betrieb zukunftsfähig machen und für die nächste Generation aufbauen will. Sein Vorgehen legt das Fundament für die nächste Generation, die künftig noch viel stärker in den sozialen Netzwerken und der Öffentlichkeitsarbeit tätig sein wird.

Aus der Praxis

Die Landwirtin Nadine Henke betreibt für ihren Betrieb die Facebook-Seite „Brokser Sauen". Henke schätzt an dem Kanal, dass er eine große Reichweite hat, selbsterklärend in der Benutzung und planbar ist. Für die Öffentlichkeitsarbeit landwirtschaftlicher Betriebe sieht sie viel Potenzial bei Facebook, da auf diese Weise fachfremden Menschen der Alltag auf dem Bauernhof vermittelt und erklärt werden kann. Auch bei der Mitarbeitersuche war Facebook bisher hilfreich. So erreichten Henke nach einem kurzen Post innerhalb weniger Stunden elf Bewerbungen. Für die Pflege ihrer Seite verwendet die Landwirtin 1–2 Stunden täglich. Daher empfiehlt sie Kollegen, die ebenfalls mit ihrem Betrieb auf Facebook aktiv werden möchten, einen bestimmten Zeitaufwand einzuplanen. Wer diese Zeit nicht aufbringen kann, dem empfiehlt sie bei Gemeinschaftsprojekten mitzuwirken, beispielsweise bei der Initiative „Frag den Landwirt".

Zum Umgang mit Shitstorm

Neben sehr viel positiven Erfahrungen, die wir in unserer täglichen Arbeit auf verschiedensten Portalen erleben, gibt es auch wenige negative Erlebnisse. Hierfür gibt es gerade bei Facebook sehr gute Möglichkeiten der Vorbeugung.

Beispiel: Sie wollen Kommentare mit bestimmten (Schimpf-)Wörtern nicht auf Ihrer Seite veröffentlicht sehen:

1. Rufen Sie Ihre Facebook-Unternehmensseite auf.
2. Öffnen Sie die „Einstellungen“ der Facebook-Seite.
3. Unter der Rubrik „Allgemein“ finden Sie den Reiter „Seitenmoderation“: Hier fügen Sie alle (persönlichlichkeitsverletzenden) Worte ein, die Sie in den Kommentaren auf Ihrer Facebook-Seite verbieten wollen. Alle verfassten Kommentare mit einem dieser Worte werden nicht öffentlich angezeigt, es sei denn, Sie geben diese wieder frei. Beispiel: Tiermörder, sämtliche vulgäre Ausdrücke, Massentierhaltung, ...
4. Beim Reiter „Besucherbeiträge“ deaktivieren Sie das Posten von Videos und Fotos sowie Beiträge auf der Seite.
5. Den Reiter „Filter für vulgäre Ausdrücke“ setzen Sie auf „Starker Filter“.
6. In einigen Ländern ist das Herunterladen von Videos möglich – deaktivieren Sie dies unter der Rubrik „Content-Distribution“.
7. Nun wählen Sie die Rubrik „Seite bearbeiten“. Sie finden im Bereich der Tabs die „Bewertungen“: Klicken Sie auf die Einstellungen und stellen Sie die Bewertungen auf „AUS“. Der Bereich der Bewertungen ist die Achillesferse einer Facebook-Seite. Dies ist der einzige Bereich, den Sie als Seiteninhaber nicht löschen können. Sie können auf eine Bewertung nur reagieren oder sie moderieren.

Ist der Shitstorm doch bei Ihnen angekommen, können Sie weitere Schritte vornehmen:

- Löschen Sie Kommentare, die nicht Ihrer Netiquette entsprechen.
- Sperren Sie Menschen, die unangemessene Kommentare bei Ihnen abgeben, von Ihrer Seite aus.
- Die dritte und letzte Möglichkeit ist es, die Seite offline zu stellen. Das heißt, Sie gehen bei Einstellungen auf „Seite nicht mehr veröffentlichen“. So können Sie Ihre Seite zu einem späteren Zeitpunkt, wenn sich die ganze Situation beruhigt hat, wieder online stellen. Scheuen Sie sich nicht vor diesem Schritt. Es ist besser, eine Seite offline zu stellen, als sich zu lange „Wütend-Smileys“ und Kommentaren mit schlechten Inhalten auszusetzen.

Die Social-Media-Strategie

Jutta Zeisset

Ziele formulieren

Formulieren Sie Ihre Ziele positiv, konkret, motivierend und messbar.

Wollen Sie zum Beispiel mehr Kunden durch Ihren Social-Media-Auftritt gewinnen, so formulieren Sie für sich zunächst konkrete Zahlen. Setzen Sie sich realistische Ziele und notieren Sie sich diese mit Datum, um später zu prüfen, ob Sie Ihre Ziele erreicht haben. Diese können lauten:

- **Imageverbesserung**

Formulieren Sie konkret, was Ihnen an Ihrem Image nicht gefällt. Überlegen Sie sich, in welchem Zeitraum Sie dieses Image wie verbessern möchten.

- **Irrtümer aus der Welt schaffen**

Als Beispiel nehmen wir eine Begebenheit aus meinem MuseumsCafé: In der Vergangenheit kam immer mal wieder das Gerücht auf, dass wir unsere Torten und Kuchen nicht selbst backen würden. Tatsächlich taten wir dies von Beginn an. Irrtümer lassen sich über Social Media sehr leicht ausbügeln. Wie das funktionieren kann, zeige ich am konkreten Beispiel im Kapitel „Themenschwerpunkte" (s. S. 19).

- **Weitere betriebsspezifische Ziele**

Auch Kundengewinnung, Kundenbindung, Öffentlichkeitsarbeit und noch vieles mehr können Ziele für Ihren Betrieb sein.

Zielgruppe festlegen

Denken Sie immer daran: Man hat die Kunden, die man verdient.

Formulieren Sie Ihre Zielgruppe sehr klar und deutlich: Welche Kunden möchten Sie in Ihrem Betrieb? Wer soll Ihnen auf Social Media folgen? Nehmen Sie sich für das Bestimmen Ihrer Zielgruppe besonders viel Zeit, denn je genauer Sie diese kennen, desto höher ist die Chance, dass Sie sie auch erreichen.
Sollten Sie in verschiedenen Bereichen aktiv sein – zum Beispiel Gastronomie, Landwirtschaft, Einzelhandel, Dienstleistung –, so formulieren Sie für jeden Bereich Ihre separate Zielgruppe.

Folgende Aspekte können hilfreich sein:

- Alter
- Geschlecht
- Interessen
- Werte
- Hobbys
- Herkunft
- Beruf
- Fahrzeug
- Wohnsituation
- Familienstand
- Beziehungsstatus
- Handynutzung

Das passende Social-Media-Portal auswählen

Anhand der Zielgruppe lässt sich dann das passende Portal für Ihren Betrieb auswählen. Die Zielgruppen der Portale sind sehr unterschiedlich und wandeln sich auch dynamisch. Daher ist es immer wichtig, in regelmäßigen Abständen – gerade nach einer Entscheidung – zu prüfen, ob Sie ein weiteres Portal dazu wählen sollten oder ein anderes streichen.

Es ist nicht notwendig, dass Sie jedem Trend sofort nachgehen und jedes Social-Media-Portal nutzen. Prüfen Sie, was zu Ihrem Unternehmenskonzept passt und entscheiden Sie dann.

Social-Media-Dynamik berücksichtigen

Social Media sind mit äußerst dynamischen Prozessen verbunden, die täglich voranschreiten. Gerade deshalb ist die Veränderung auch spürbar wahrzunehmen. Diese Dynamik sollte für Sie mehr eine Herausforderung sein, anstatt Ihnen Angst zu machen. Genau deshalb erfahren Sie hier, wie Sie mit einfachen Schritten voranschreiten können.

Themenschwerpunkte setzen

So backen wir unseren Kuchen – Irrtümer aus der Welt schaffen

Setzen Sie sich Themenschwerpunkte, wie Sie Ihre gesetzten Ziele erreichen wollen.

Zurück zum zuvor erwähnten Kuchen-Irrtum: Um klarzustellen, dass wir alle Kuchen und Torten selbst backen, habe ich ganz regelmäßig unsere Backstube und Konditorei im Netz gezeigt: beispielsweise wie unsere Mitarbeiter gerade eine Torte herstellen und die Hände im Teig haben. Auch Videos haben wir veröffentlicht, in denen wir zeigen, wie wir unseren Zwiebelkuchen oder Zwetschgenkuchen selbst herstellen. Damit konnte die betriebseigene Kuchenproduktion anschaulich dokumentiert werden. Durch diese Vorgehensweisen haben wir die Irrtümer beseitigen können.

Folgende Themenschwerpunkte sind Beispiele dafür, was Sie in den sozialen Netzwerken zeigen könnten:

- Das passiert im Winter in unserem Betrieb (Umbauten, Winterarbeiten).
- So läuft bei uns die Produktion (Marmelade, Obst, Gemüse etc.).
- Das sind unsere Mitarbeiter.
- Das sind unsere Produkte aus dem Hofladen.
- Das sind unsere Tiere im Stall.
- Mit solchen Problemen haben wir im Stall zu tun.
- So läuft die Ernte ab.
- Das sind die Produktionswege.
- So sehen die Lieferwege aus.
- Das passiert mit einem Ei, bevor es auf Ihrem Frühstückstisch landet.

Achten Sie darauf, dass Sie die gesteckten Ziele in den Themenschwerpunkten wiederfinden. So wird das Ziel zum Thema und direkt in Ihre Planung integriert.

Mehrwert bieten

Beantworten Sie sich folgende Frage: Warum soll man ausgerechnet Ihr Unternehmensprofil „abonnieren“, mit „Gefällt mir“ markieren oder ihm „folgen“? Geben Sie Gründe dafür und zeigen Sie, welchen Mehrwert Sie bieten.

Zeigen Sie, dass auch bei Ihnen nicht alles gelingt. Das macht Sie menschlich und kann eine herzliche Bindung zu Ihren Kunden schaffen.

■ Hintergründe zeigen

Mehrwert ist genau das, was über die bereits bekannten Informationen hinausgeht, also das Nicht-Offensichtliche – erläutern Sie zum Beispiel Hintergründe Ihres Betriebes. Das können auch einmal Pannen sein: Beispielsweise haben wir unseren Followern gezeigt, wie uns eine ganze Schwarzwälder-Torte in die Theke gestürzt ist – dies haben nicht einmal die Gäste, die vor Ort waren, gesehen, so schnell war das alles weggeräumt. Aber dieser Post hat mehr als 10 000 Menschen erreicht!

■ Kunden fragen

Fragen Sie Ihre Kunden, welches Produkt sie sich bei Ihnen wünschen oder welche Dienstleistung Sie noch zusätzlich bieten könnten. Hören Sie genau hin, denn Ihre Follower sind Ihnen zu 97 % positiv gestimmt. Nutzen Sie diese Chance, um besser zu werden.
Wir haben diese Möglichkeit genutzt und unsere Kunden befragt, nachdem uns eine kritische E-Mail einer Kundin erreichte. Besagte Kundin fand, dass unser damaliges Eis nicht zu unserem Konzept passte. Nach kurzer Überlegung haben wir eine Umfrage gestartet und – Sie werden es ahnen –, nicht nur diese eine Kundin dachte so. In der Umfrage erklärten wir, dass wir aufgrund einer E-Mail unsere Kunden fragen wollten, welche Eissorte sie sich wünschen würden, wenn sie freie Wahl hätten. Wir prüften an dieser Stelle auch, ob die Kunden einen höheren Preis in Kauf nehmen würden.
Ergebnis: In kürzester Zeit hatten sich unsere Follower auf ein Eis aus der Region festgelegt. Diesen Anbieter kannte ich bisher zwar nicht, aber es war klar, welches Eis es künftig geben würde. Unsere Kunden haben auf diese Weise an unserem Sortiment und Angebot mitgearbeitet. Mehr Identifikation mit unserem Café ist kaum möglich.

■ Auch das kann Mehrwert sein

Sie können Ihren Kunden bzw. Followern auch noch weiteren Mehrwert bieten, wie zum Beispiel:

- Tipps vom Chef zum Thema Pflanzenbau
- Wie behandle ich meine Tomaten richtig?
- Gartentipps der Bäuerin
- Geschichten erzählen – siehe auch Storytelling (s. S. 98)

Serien erstellen

Serien vereinfachen Ihnen das wöchentliche Posten sehr. Serien sind Posting-Reihen, die immer wieder auftauchen. Sie können über ein Hashtag, durch ähnliches Aussehen oder aber durch inhaltlich aufeinanderfolgende Themen als Reihe dargestellt werden.

Achten Sie darauf, dass jedes Posting trotzdem für sich steht und nicht nur in Verbindung zu zurückliegenden Themenpunkten Sinn macht. Die Serie ist da, um Ihnen das Erstellen der Inhalte zu vereinfachen, nicht um wochenlang das gleiche Thema zu bedienen.

Bleiben Sie spannend

Serien treten häufig zum Beispiel bei Verbänden und Unternehmen auf, die eine neue Marketingstrategie verfolgen und diese gerade anfangs stark bewerben wollen. Um eine Serie erfolgreich zu gestalten, sollte sie spannend erzählt, attraktiv präsentiert werden und nah an der Zielgruppe orientiert sein.

Erzählen Sie Ihre Geschichte

Die besten Serien sind Storys, die Sie selbst erzählen! Hoferlebnisse eignen sich genauso wie Geschichten über Ihre Produkte oder die jährliche Ernte.

Weitere Beispiele für Serien sind:

- Wochentag-Tipp, Tipp des Monats
- Pflanzenvegetations-Beobachtungen
- Vorstellungen der Mitarbeiter
- Vorstellung von weniger bekanntem Obst und Gemüse
- Rezept des Monats
- Kräuterkunde

Serien sollten spannend bleiben und nicht zu lange andauern (max. 10 Postings). Sie können eine Serie auch unterbrechen und später weiterführen. Serien sind nicht auf den ersten Blick nach außen erkennbar. Jedes einzelne Posting steht für sich.

Lassen Sie Ihrer Fantasie freien Lauf und probieren Sie Verschiedenes aus.

GOOGLE MY BUSINESS

Google My Business

Jutta Zeisset

Vorteile, die unterschätzt werden

Manchmal vergisst man, seine Öffnungszeiten im Internet – zum Beispiel auf Google – aktuell zu halten. Vor allem ein Feiertag kann Verwirrung stiften, wenn er auf einen normalen Wochentag fällt, an dem man üblicherweise geöffnet hätte. Um das Versäumte schnell nachzuholen, eignet sich hier die Google-My-Business-Smartphone-App.

Und so melden Sie sich an

Googeln Sie zuerst Ihr Unternehmen und schauen Sie, ob auf der rechten Seite Ihr Unternehmen, Verein oder Verband angezeigt wird. Dieser Eintrag kann auch falsche Informationen beinhalten, dennoch ist es jener, den Google für Sie voreingestellt hat.
Ist dieser Eintrag auf der rechten Seite nicht vorhanden, können Sie diesen über maps.google.de selbst einfügen. Hierfür klicken Sie bei Google Maps auf den Menübereich und wählen dort den Reiter „Fehlenden Ort hinzufügen“ aus. Lassen Sie sich dann von Google leiten.

Hamburger-Menü-Icon

Das Menü versteckt sich oft hinter drei horizontalen Strichen am linken oder rechten oberen Rand einer Website.

Der Google-Eintrag ist enorm wichtig und ist oft das Erste, was Kunden und Gäste von Ihrem Unternehmen sehen. Achten Sie daher auf Aktualität von Öffnungszeiten, Webadresse, Anschrift usw.

Ist Ihr Google-Eintrag vorhanden, klicken Sie in diesem Feld auf den Link „Ist das Ihr Unternehmen?“ – meist findet man diesen am unteren Rand des Eintrags. Anschließend folgen Sie auch in diesem Fall den Angaben von Google. Sie bekommen die Möglichkeit, Ihren Eintrag verifizieren zu lassen: entweder über Ihre Telefonnummer (hier ruft Google bei Ihnen an) oder mit einem Code, den Sie per Postkarte zugesendet bekommen. Nur mit einer Verifizierung können Sie Ihren eigenen Eintrag aktualisieren und tagesaktuell halten.

Smartphone-App

Zusätzlich installieren Sie nun die Google-My-Business-Smartphone-App auf Ihrem Smartphone. Mit dieser App können Sie Ihren Eintrag gut beobachten und intuitiv verwalten. So sehen Sie in der App – aber auch in der Desktopversion – alle Statistiken, die Ihren Eintrag betreffen.

Die Verwaltung des angezeigten Bildes, das man im Eintrag sieht, kann auf diese Weise etwas beeinflusst werden. Bedenken Sie aber auch, dass Google-Nutzer immer eigene Bilder zu Ihrem Eintrag hinzufügen können. Dies ist nicht zu verhindern, Sie können jedoch eigene Bilder hochladen und auf diese Weise in den Vordergrund stellen.
Sie bekommen ab jetzt auch eine Benachrichtigung, entweder per E-Mail oder/und per Push-Benachrichtigung auf Ihr Smartphone, wenn eine neue Rezension bei Ihrem Eintrag hinzugefügt wird.
Bitte reagieren Sie auf diese angemessen und warten Sie mit der Antwort auf eine Bewertung, die nicht Ihrem Anspruch entspricht, bis sich Ihr Gemüt beruhigt hat. Sollte dies auch nach mehreren Tagen nicht der Fall sein, so bitten Sie eine neutrale Person um die Prüfung der abgegebenen Bewertung und um das Verfassen einer angemessenen Antwort.

Wenn Kunden sagen **„Ich habe im Internet gelesen, dass ...“**, fragen Sie immer genau nach, wo sie das gelesen haben. Oft wird dabei der Eintrag bei Google oder einer anderen Webseite genannt. Fragen Sie gezielt nach der Adresse oder dem Anbieter der jeweiligen Seite.

Umgang mit Bewertungen/Rezensionen

Tipp

Bewertungen sind immer subjektiv – behandeln Sie diese auch so. Gerade wenn Menschen Sie öffentlich persönlich angreifen, sollten Sie nicht auf gleichem Niveau antworten. Bleiben Sie unbedingt freundlich und besonnen. Reagieren Sie angemessen und gehen Sie auch immer auf die Position des Bewerters ein.

REPUTATIONS-MANAGEMENT

Reputationsmanagement

Jutta Zeisset

Bauen Sie sich in guten Zeiten eine Community auf, die Sie in schweren Zeiten unterstützt.

Ausnahmslos jedes Unternehmen kann in eine Situation geraten, in der es eine gute Nutzer-Gemeinschaft (Community) braucht, die hinter ihm steht.
Dies kann ganz unterschiedliche Ursachen haben – angefangen beim eigenen Fehler, der jedem einmal passieren kann, bis hin zum Einbruch in den Stall. In jedem Fall brauchen Sie eine starke, Ihnen gegenüber positiv eingestellte Community, die Sie in dieser Situation unterstützt.

Online und offline muss passen! Enorm wichtig ist in einer solchen Situation, dass offline genau das Gleiche erklärt wird, was online im Posting zu lesen ist. Nehmen Sie sich ausreichend Zeit, Ihren Kunden/Gästen/Besuchern Dinge zu erklären und auf besondere Umstände aufmerksam zu machen.

Als Beispiel dient hier eine wahre Geschichte, die wir auf unserem Hof im MuseumsCafé erlebt haben: Eines Tages wurde unsere Hofkatze Anton vom Hof gestohlen – von zwei selbst ernannten Tierschützern. Und so kam es dazu: Unsere Hofkatzenuroma Anton war schon sehr alt und wir dachten darüber nach, sie zu erlösen. Schließlich entschlossen wir uns aber dann dazu, sie auf ihrem Lieblingsplatz in Ruhe einschlafen zu lassen. Wir empfanden dies als echtes Gnadenbrot für einen treuen Begleiter. Genau in dieser Situation sahen die beiden selbst ernannten Tierschützerinnen die Katze auf unserem Grundstück liegen und bezeichneten uns in Gegenwart der Nachbarn als Tierquäler. Sie nahmen kurzerhand unsere Hofkatze mit, ohne auch nur Kontakt mit uns aufzunehmen, um die möglichen Gründe für unser Verhalten zu erfahren. Wir wissen bis heute nicht, was mit Anton passiert ist.
Sie können sich sicher vorstellen, wie es uns erging, wie wir uns fühlten, wie ohnmächtig wir uns vorkamen. Aber auch so eine Situation sollte man mit kühlem Kopf angehen:

Eine Hofkatze gehört zum MuseumsCafé & Hofladen Zeisset. Quelle: Jutta Zeisset

■ **Agieren statt reagieren!**
Mein erster Impuls war, dass ich selbst diese Geschichte erzählen will, bevor wir auf Facebook & Co. als Tierquäler verleumdet werden. Ich wollte unsere Gründe erläutern und unsere Sicht der Dinge erzählen – und vor allem wollte ich die Situation so schildern, wie sie war, und nicht so, wie sie von fremden Menschen wahrgenommen wurde.
Das haben wir getan. Auf Facebook haben wir über Nacht 10 000 Menschen erreicht und unzählige Kommentare zu unserem Post bekommen. Natürlich gingen auch hier die Meinungen auseinander, dennoch hat uns die Community durch diese Situation getragen und genau das gespiegelt, was wir vorleben: ehrlichen Austausch, kontroverse Diskussionen, aber vor allem eine ganz klare Unterstützung unseres Handelns. Noch Wochen danach wurde ich in unserem Café auf unsere Katze angesprochen und die Empörung und das Mitgefühl waren sehr groß. Vertrauen Sie auf Ihre Community.

FACEBOOK

Facebook

Jutta Zeisset

Welchen Stellenwert hat Facebook für die Autoren dieses Buches?

Thomas Fabry: „Wie wir wissen, ist Facebook weltweit das komplexeste und vielseitigste Netzwerk. Mit den meisten aktiven Nutzern und vielfältigsten Interessengruppen ist es für mich die Basis meiner Social-Media-Arbeit."

Jutta Zeisset: „Ohne Facebook hätte ich mein Netzwerk nicht. Für mich bedeutet Facebook, Freundschaften zu haben bzw. pflegen – diese auch von ‚nur online' zu ‚offline' zu vertiefen. Ohne Facebook gäbe es ebenso wenig dieses Buch und die Autorenkonstellation Jutta Zeisset und Thomas Fabry."

Thomas Fabry: „Menschen aus aller Welt sind verbunden, gemeinsam aktiv und vernetzen sich durch gemeinsame Interessen. Seien es Drohnen, Videos oder der fachliche Austausch – hier finde ich wichtige Denkanstöße für meine tägliche Arbeit."

Für Jutta Zeisset und Thomas Fabry ist Facebook ein zentraler Bestandteil ihrer Arbeit. Quelle: Anna Huber

Jutta Zeisset: „Der Aufbau einer Community ist das Ergebnis jahrelanger Arbeit. Durch Fleiß und Leidenschaft kann man sehr viel zurückbekommen. Social Media bedeutet für mich: Mehr geben als nehmen."

Das private Profil

Als Privatprofil bezeichnet man das vom Nutzer angelegte individuelle Profil, das auch Chronik genannt wird.
Auf Facebook gilt die Klarnamenpflicht, das heißt beim Anlegen seines Profils muss man seinen richtigen Namen angeben. An das eigene Profil lässt sich eine mögliche Unternehmensseite anschließen. Der Unterschied besteht darin, dass man bei einem privaten Profil Freunde hinzufügen, auf einer Unternehmensseite nur „Gefällt mir" klicken kann.

Chronik ist ein anderes Wort für Ihr privates Profil!

Ihr Konto können Sie entweder per E-Mail oder per Handynummer bestätigen.

Was ist in der Chronik zu sehen?

Hier geht es um die Bereiche Sport, Bücher, Gruppen, Notizen und vieles mehr.
Fahren Sie in Ihrem Chronikmenü mit der Maus über den Bereich „Mehr". Im Dropdownmenü finden Sie ganz unten den Reiter „Abschnitte verwalten" – klicken Sie diesen an, es öffnet sich ein Feld, in dem Sie alle gewünschten Bereiche wegklicken oder eben belassen können.

Die hier dargestellten Anleitungen beziehen sich auf die Desktopversion, also die Computerversion von Facebook. Viele dieser Einstellungen können Sie auch am Handy in der Smartphone-App von Facebook vornehmen: Gehen Sie hier über die im Menü zu wählenden Einstellungen, scrollen Sie nach unten und wählen Sie „Kontoeinstellungen".

Die eigene Chronik bearbeiten

■ Profil- und Hintergrundbild

Als Profilbild wählen Sie ein Bild (quadratisch), auf dem man Sie gut erkennt. Dies strahlt Transparenz und Vertrauen aus. Gerade in Diskussionen ist dies enorm wichtig, wenn man weiß, mit wem man eigentlich diskutiert. Das Titelbild können Sie im Querformat nach Belieben wählen.

> **Tipp**
>
> Richten Sie Ihr Facebook-Profil am Computer (Desktop) ein.

■ Wer darf was sehen?

In Ihrer privaten Chronik können Sie zusätzliche Einstellungen für die Sicherheit bzw. Privatsphäre vornehmen. Klicken Sie dazu auf den Reiter „Freunde", danach auf das Stift-Symbol  rechts und „Privatsphäre bearbeiten":
Abonniert Hier können Sie verbergen, welche Seiten oder Profile Sie abonniert haben. Diese Einstellung ist ideal, wenn Sie eine Seite nur beobachten wollen und nicht öffentlich zeigen möchten, dass Sie diese abonniert haben.

Freunde Die Freundesliste können Sie hier verbergen, sodass kein Außenstehender sehen kann, mit wem Sie verbunden sind. Es werden dann nur noch gemeinsame Freunde angezeigt.
Abonnenten Diese Einstellung legt fest, wer Ihre Abonnenten in Ihrer Chronik sehen kann.
Wählen Sie für alle drei Bereiche am besten „Nur ich" aus.

■ Enge Freunde

Sie können einzelne Freunde als „enge Freunde" auswählen, indem Sie mit der Maus über das Wort Freunde fahren und dann im Dropdownmenü „enge Freunde" anwählen. Dies empfiehlt sich bei Personen, von denen Sie nichts verpassen möchten.
Sie werden dann in den Benachrichtigungen über jede Aktivität informiert.

Einstellungen bearbeiten

Bei der Anlage Ihres Privatprofils besteht der erste Schritt darin, sich durch die Einstellungen zu klicken und diese Ihren Wünschen entsprechend anzupassen. Sie können hier wichtige Punkte auswählen, um Ihr Profil zu schützen.

■ Wo finde ich die „Einstellungen"?

Die erste Herausforderung besteht darin, die „Einstellungen" zu finden: Suchen Sie hierfür im blauen Balken ganz oben auf der Seite rechts den kleinen schwarzen Pfeil, klicken sie darauf und wählen Sie „Einstellungen" aus.

Sie können jeden Bereich mit einem Klick auf „Bearbeiten" verwalten – dieser Befehl befindet sich auf der rechten Seite (Menü).

Die wichtigsten Einstellungen

■ Allgemein

Sie finden den Bereich „Allgemein" links im vertikalen Menü. Hier befinden sich Informationen zu Ihrem Namen, Ihrem Benutzernamen und Ihrer E-Mail-Adresse.

Benutzername Sie können mit dem Benutzernamen Ihre eigene Facebook-Profiladresse anlegen. Hierfür müssen Sie ein bestätigtes Benutzerkonto bei Facebook haben.

Tipp

Facebook hat viele User, daher kann Ihr Name schon vergeben sein – versuchen Sie es einmal mit Ihrem Namen nach dem Muster des folgenden Beispiels: zeisset.jutta oder zeissetjutta statt juttazeisset oder jutta.zeisset – ist diese Version auch schon vergeben, können Sie eine Zahl oder einen Ort angeben. Bitte beachten Sie, dass man zur Trennung nur einen Punkt verwenden kann. Leerzeichen und Bindestriche sind ungültige Zeichen.

Konto verwalten Ein Nachlasskontakt ist eine von Ihnen ausgewählte Person, die im Todesfall Ihr Konto verwaltet. Diese Person kann zum Beispiel einen Beitrag in Ihrer Chronik fixieren, auf neue Freundschaftsanfragen antworten und Ihr Profilbild aktualisieren. Allerdings kann sie nicht in Ihrem Namen posten oder Ihre Nachrichten sehen. Wählen Sie hierfür eine sehr vertrauenswürdige Person aus und geben Sie ihr die Berechtigung für das Datenarchiv.

> **Tipp**
>
> Bitte legen Sie ein Notizbuch mit all Ihren Passwörtern an, um Ihren Nachlassverwaltern den Umgang mit Ihren E-Mails und Social-Media-Accounts zu erleichtern.

Sicherheit und Login

Anmeldung Hier lässt sich das Passwort ändern – das sollten Sie regelmäßig tun.

Im Bereich „Sicherheit und Login" gibt es eine ganze Reihe von Möglichkeiten für Ihre Sicherheitseinstellungen. Diese sind sehr individuell und persönlich. Lesen Sie diese bitte sehr ausführlich und in aller Ruhe durch und nehmen Sie dann die Einstellungen vor, die Ihren Wünschen entsprechen.

Erweiterte Sicherheitseinstellungen:

- **„Erhalte Anmeldungswarnungen bei Logins über unbekannte Geräte"** Wenn Sie diesen Bereich aktivieren, dann werden Sie informiert, wenn Sie sich über einen Browser anmelden, den Sie normalerweise nicht verwenden. Diese Einstellung ist zu empfehlen, wenn Sie sich immer auf dem gleichen Browser und PC anmelden.
- **„Verwende die zweistufige Authentifizierung"** Wollen Sie ganz sicher sein, dass Ihr Profil nicht von anderen geöffnet werden kann, dann können Sie hier die zweistufige Authentifizierung einrichten. Melden Sie sich mit einem Code von Ihrem Telefon und einem Passwort an.
- **„Wähle 3 bis 5 Freunde aus, die du kontaktieren kannst, wenn du ausgesperrt wirst"** Ihre Vertrauenskontakte können einen Code und eine URL von Facebook senden, damit Sie sich wieder anmelden können. Für den Fall, dass Facebook Sie von Ihrem Profil aussperrt, ist diese Einstellung ideal, denn Ihre vorher bestimmten Freunde können Ihre Identität bestätigen. Klicken Sie auf „Bearbeiten" und wählen Sie anschließend Ihre Facebook-Freunde aus.

Privatsphäre

„Wer kann meine Inhalte sehen?" Hier können Sie einstellen, wer Ihre Beiträge sehen kann:

Kontakte des Vertrauens müssen auf Facebook mit Ihnen verbunden sein.

- **„Wer kann deine zukünftigen Beiträge sehen?"** Sie können hier festlegen, wer Ihre Postings lesen kann. Es sind verschiedene Möglichkeiten wählbar. Sie können die Privatsphäre auch bei jedem einzelnen Posting umstellen oder mit einem Klick alte Beiträge in Ihrer

Chronik verändern. Hierfür wird die oben angewählte Einstellung für alle Postings übernommen.

- **„Wer kann deine Freundesliste sehen?“** Bitte verbergen Sie die Liste Ihrer Freunde, um diese zu schützen. Stellen Sie „Nur ich“ ein.

„Wer kann mich kontaktieren?“ Sie können hier einstellen, wer Ihnen eine Freundschaftsanfrage senden darf. Es ist zu empfehlen, dass Sie dies zu Beginn Ihrer Mitgliedschaft bei Facebook auf „Alle“ stehen lassen. Später können Sie es auf „Freunde von Freunden“ umstellen.

„Wer kann nach mir suchen?“ Hier stellen Sie ein, wer Sie suchen bzw. finden kann:

- **„Wer kann mithilfe der von dir zur Verfügung gestellten E-Mail-Adresse nach dir suchen?“** Es ist zu empfehlen, diese Einstellung auf die geringste Möglichkeit zu reduzieren – also auf „Freunde“.
- **„Wer kann mithilfe der von dir zur Verfügung gestellten Telefonnummer nach dir suchen?“** Auch hier ist die Einstellung „Freunde“ zu empfehlen.
- **„Möchtest du, dass Suchmaschinen außerhalb von Facebook dein Profil anzeigen?“** Wenn Sie möchten, dass Ihr Profil bei einer Suche auf zum Beispiel Google, Bing oder auch Yahoo angezeigt wird, sollten Sie hier ein Häkchen setzen. Im anderen Fall entfernen Sie es.

Chronik und Markierungen

Chronik

Sie können diese Einstellung jederzeit und auch bei jedem einzelnen Posting manuell in der Smartphone-App oder in der Desktop-version ändern.

- **„Wer kann in deiner Chronik posten?“** Hier können Sie festlegen, wer einen Beitrag in Ihre Chronik, also Ihr privates Profil, posten kann.
- **„Wer kann sehen, was andere in deiner Chronik posten?“** Hier legen Sie fest, wer Beiträge, die andere in Ihrer Chronik posten, sehen kann, zum Beispiel Geburtstagsglückwünsche.

Tipp

Bei der Einstellung „Nur ich“ erhalten Sie keine Geburtstagsgrüße in Ihrer Chronik, da ja kein anderer als Sie dort posten dürfen. Sie können also nur per privater Nachricht digitale Glückwünsche oder Post bekommen.

Markierungen

- **„Wer kann Beiträge, in denen du markiert wurdest, in deiner Chronik sehen?“** Stellen Sie hier ein, wer einen Beitrag, in dem Sie markiert wurden, sehen kann.
- **„Du kannst Personen zu der Zielgruppe eines Beitrags hinzufügen, indem du markiert wurdest.“** Die Zielgruppe, die ausgewählt werden soll, können Sie zum Schutz Ihrer Freunde auf „Nur ich“ einstellen.

■ **Überprüfen**

- **„Möchtest du die Beiträge überprüfen, in denen du markiert wurdest, bevor sie in deiner Chronik erscheinen?"** Die Chroniküberprüfung legt fest, ob Sie Ihre Beiträge, in denen Sie markiert wurden, manuell bestätigen müssen, bevor sie in Ihrer Chronik veröffentlicht werden. Wenn ein Beitrag Ihre Überprüfung benötigt, klicken Sie einfach auf Chroniküberprüfung links in Ihrem Aktivitätenprotokoll. Hinweis: Hierdurch wird nur festgelegt, was in Ihrer Chronik erlaubt ist. Beiträge, in denen Sie markiert wurden, erscheinen weiterhin in der Suche, im News Feed und in anderen Bereichen auf Facebook. Bitte aktivieren Sie diesen Bereich unbedingt.
- **„Überprüfst du Markierungen, die andere zu ihren eigenen Beiträgen hinzufügen, bevor sie auf Facebook angezeigt werden?"** Diese Einstellung sollten Sie dringend aktivieren. Sie haben so die Möglichkeit, zu prüfen, wenn Sie markiert werden und können dies auch beeinflussen.

■ **Blockieren (Facebook-Zitate sind mit „ " markiert)**

Eingeschränkte Liste „Wenn du Freunde zur eingeschränkten Liste hinzufügst, können sie auf Facebook keine Beiträge sehen, die du nur mit Freunden teilst. Sie können möglicherweise weiterhin Inhalte sehen, die du öffentlich oder in der Chronik eines gemeinsamen Freundes teilst, und Beiträge, in denen sie selbst markiert sind. Facebook benachrichtigt deine Freunde nicht, wenn du sie zur eingeschränkten Liste hinzufügst."

Personen blockieren „Sobald du jemanden blockierst, kann diese Person nicht mehr sehen, was du in deiner Chronik postest, dich nicht mehr markieren, dich nicht zu Veranstaltungen oder Gruppen einladen, keine Unterhaltungen mit dir beginnen oder dich als Freund/in hinzufügen. Hinweis: Das gilt nicht für Anwendungen, Spiele oder Gruppen, denen ihr beide angehört."
Diese Einstellung merkt die Person daran, dass sie Sie nicht mehr finden kann, und wenn sie Ihr Profil direkt sucht, eine Fehlerseite angezeigt bekommt. Sie sehen von der gesperrten Person nichts mehr – die Profile sind gegenseitig blockiert.

Nachrichten blockieren „Wenn du hier die Nachrichten und Videoanrufe von jemandem blockierst, kann dich diese Person auch nicht mehr in der Messenger-App kontaktieren. Nur wenn du die Blockierung des Profils dieser Person aufhebst, kann sie in deiner Chronik posten, dich markieren und deine Kommentare oder Beiträge kommentieren."

App-Einladungen blockieren „Sobald du App-Einladungen von einer Person blockierst, werden zukünftige App-Anfragen von dieser Person automatisch ignoriert. Um Einladungen von einem bestimmten Freund zu ignorieren, klicke unten in der neuesten Anfrage auf „Alle Einladungen von diesem/dieser Freund/in ignorieren".

Veranstaltungseinladungen blockieren „Wenn du Veranstaltungseinladungen von jemandem blockierst, werden alle zukünftigen Veranstaltungseinladungen von diesem Freund automatisch ignoriert."

Apps blockieren „Sobald du App-Einladungen von einer Person blockierst, werden zukünftige App-Anfragen von dieser Person automatisch ignoriert. Um Einladungen von einem bestimmten Freund zu ignorieren, klicke unten in der neuesten Anfrage auf ‚Alle Einladungen von diesem/dieser Freund/in ignorieren'."

Seiten blockieren „Sobald du eine Seite blockierst, kann diese Seite nicht mehr mit deinen Beiträgen interagieren, mit ‚Gefällt mir' markieren oder auf deine Kommentare antworten. Du kannst nicht mehr in die Chronik der Seite posten oder der Seite Nachrichten senden. Falls du die Seite mit ‚Gefällt mir' markiert hast, wird durch das Blockieren auch die ‚Gefällt mir'-Angabe entfernt und das Abonnement beendet."

- **Sprache**

Sie können hier Ihren kompletten Facebook-Account auf die von Ihnen gewünschte Sprache umstellen.

- **Benachrichtigungen**

Hier geht es nur um die Benachrichtigungen, die Sie in der kleinen Weltkugel rechts oben auf der Seite in der blauen Leiste erhalten. Wenn Sie eine neue Benachrichtigung bekommen haben, erscheint dort ein kleines rotes Zahlensymbol (Anzahl Benachrichtigungen).

Auf Facebook Schauen Sie sich in aller Ruhe die Einstellungen zu den Benachrichtigungen an, die Sie auf Facebook erhalten möchten. Stellen Sie diese dann nach Ihren Wünschen ein.

E-Mail-Adresse Bekommen Sie im Moment E-Mails von Facebook und Sie wollen diese abstellen? Dann aktivieren Sie hier folgende Einstellung: **„Nur Benachrichtigungen zu deinem Konto, deiner Sicherheit und Privatsphäre".** Anschließend klicken Sie auf „Deaktivieren". So setzen Sie den Erhalt der E-Mails von Facebook aus. Ebenfalls können Sie die Benachrichtigung zu Kommentaren bei Live-Videos sowie bei Angeboten deaktivieren.

Computer und mobil sowie SMS Diese Benachrichtigungen können Sie nach Belieben an- oder ausstellen.

- **Handy**

Hier können Sie alle Einstellungen und die Änderung hinsichtlich Ihrer Handynummer vornehmen.

■ Öffentliche Beiträge

Wer meine Updates abonnieren kann „Abonnenten sehen deine Beiträge im News Feed. Freunde haben deine Beiträge standardmäßig abonniert, du kannst aber auch Personen, die nicht mit dir befreundet sind, erlauben, deine öffentlichen Beiträge zu abonnieren. Über diese Einstellung kannst du festlegen, wer dich abonnieren kann." (Facebook)

Für jeden Ihrer Beiträge können Sie festlegen, mit welcher Zielgruppe Sie den Beitrag teilen wollen. Zu empfehlen ist die Einstellung „Öffentlich" – so können Personen, die nicht Ihre Freunde sind, Ihre öffentlichen Beiträge abonnieren.

Kommentare zu öffentlichen Beiträgen Diese Einstellung sollte man auf „Freunde" setzen. Das ist wichtig, denn nur so können Sie kontrollieren, wer bei Ihnen im Profil kommentieren darf.

Benachrichtigungen zu öffentlichen Beiträgen Die „Benachrichtigungen zu öffentlichen Beiträgen" sollten auf „Öffentlich" stehen.

Info des öffentlichen Profils Hier können Sie einstellen, wer dazu berechtigt ist, Ihr öffentliches Profilbild und andere Profilinformationen mit „Gefällt mir" zu markieren und zu kommentieren. Dies sollten Sie auf „Freunde" einstellen.

Rangfolge für Kommentare Diese können Sie auf „Aus" stellen, denn nicht immer ist der relevanteste Kommentar auch der wichtigste. Da Facebook immer wieder Änderungen vornimmt, kann es sein, dass nicht alle User diese Funktion sehen können.

Facebook nimmt immer wieder Änderungen in Ansicht und Schreibweise vor. Achten Sie auf den Inhalt der Texte.

■ Apps

Unter dem Menüpunkt „Apps" können Sie sehen, auf welcher Webseite oder Smartphone-App Sie „Mit Facebook anmelden" geklickt haben. Dort können Sie diese Verbindung bei Bedarf auch trennen. Hier können Sie sehen, welche Firmen mit Ihren Daten arbeiten. Kontrollieren Sie hier regelmäßig.

■ Werbeanzeigen

Deine Interessen Sie können hier sehen, welche Interessen von Ihrem Profil bzw. von Ihren Klicks ausgehen. In den verschiedenen Kategorien sind diese aufgeführt.

Werbetreibende, mit denen du interagiert hast Es werden Ihnen die Werbetreibenden angezeigt, mit denen Sie in letzter Zeit agiert haben – das bedeutet, Sie haben auf eine Werbeanzeige geklickt. Auch hier gibt es unterschiedliche Kategorien, es lohnt sich, das zu prüfen.

Sie können Werbeanzeigen auf Facebook nicht ausschalten. Mit diesen Informationen bekommen Sie aber Anzeigen, die sich eher an „Ihre" Interessen richten. Daher ist es zu empfehlen, diese Einstellungen online zu belassen. Im Reiter „Deine Kategorien" werden hierzu weitere Anpassungen vorgenommen.

Deine Informationen

- **Über dich** An dieser Stelle können Sie Informationen über sich bearbeiten.
- **Deine Kategorien** Hier finden Sie alle Informationen, die Facebook anhand Ihrer Geräte und Aktionen erhält. Auch diese können Sie abwählen.

Einstellungen für Werbeanzeigen

„Werbeanzeigen basierend auf deiner Nutzung von Webseiten und Apps" Facebook gibt hierzu Folgendes an: „Eine der Möglichkeiten, wie wir die dir angezeigten Werbeanzeigen auswählen, beruht auf deiner Verwendung von Webseiten und Apps, die die Technologie von Facebook nutzen. Wenn du zum Beispiel Reisewebseiten besuchst, werden dir danach möglicherweise Werbeanzeigen für Hotelschnäppchen auf Facebook angezeigt. Wir nennen das „interessenbasierte Online-Werbung". Wenn du interessenbasierte Online-Werbeanzeigen deaktivierst, wird dir immer noch die gleiche Anzahl von Werbeanzeigen angezeigt. Diese könnten allerdings weniger relevant für dich sein. Dir werden möglicherweise auch Werbeanzeigen angezeigt, die auf deinen Handlungen auf Facebook basieren."
Zu empfehlen ist die Einstellung „Ja".

„Werbeanzeigen in Apps und auf Webseiten, die nicht zu Facebook gehören" Facebook erläutert: „Das Audience Network von Facebook ermöglicht es Werbetreibenden, Anzeigen auf Webseiten sowie in Apps auf den verschiedensten Geräten zu schalten, zum Beispiel auf Computern, Mobil- oder verbundenen Fernsehgeräten. Wenn Unternehmen auf Facebook werben, können sie sich entscheiden, ob ihre Werbeanzeigen über das Audience Network geschaltet werden sollen. Wir möchten dir relevante und nützliche Werbung zeigen. Anhand deiner Facebook-Einstellungen für Werbeanzeigen kannst du uns mitteilen, welche Werbung dich am ehesten interessiert. Du kannst entscheiden, ob deine Facebook-Einstellungen für Werbeanzeigen auch für Apps und Webseiten gelten sollen, die nicht zu Facebook gehören."

- „Wenn du dich für die Nutzung deiner Facebook-Einstellungen für Werbeanzeigen entscheidest: In dem Fall werden dir Werbeanzeigen angezeigt, die interessanter und relevanter für dich sind."
- „Wenn du dich gegen die Nutzung deiner Facebook-Einstellungen für Werbeanzeigen entscheidest: In dem Fall werden dir weiterhin Werbeanzeigen angezeigt, die jedoch weniger relevant für dich sind. Möglicherweise werden dir Werbeanzeigen unter anderem aus folgenden Gründen angezeigt: Dein Alter, Geschlecht oder Standort. Der Inhalt in der App oder auf der Webseite, den du verwendest. Deine Aktivitäten, die nicht zu Facebook-Unternehmen gehören."

„Facebook-Einstellungen für Werbeanzeigen für Apps und Webseiten verwenden, die nicht zu Facebook gehören" Stellen Sie dies auf „Nein".

Werbeanzeigen mit deinen sozialen Handlungen Facebook gibt folgende Erläuterung: „Diese Einstellung bezieht sich auf deine „Gefällt mir“-Angaben, Abonnements, Kommentare, geteilten Inhalte, App-Verwendung, Besuche, Empfehlungen und zugesagten Veranstaltungen in Zusammenhang mit Werbeanzeigen, die deinen Freunden angezeigt werden. Werbeanzeigen wie diese sind nur für Personen sichtbar, die zur Ansicht der von dir ausgewählten Optionen berechtigt sind.“ Stellen Sie die Einstellung für „Meine sozialen Handlungen bezüglich meiner Werbeanzeigen einbeziehen für“ auf „Niemand“.

Werbethemen verbergen
„Du kannst Werbeanzeigen zu diesem Thema entweder vorübergehend oder dauerhaft verbergen. Dir werden eventuell weiterhin Werbeanzeigen zu diesem Thema angezeigt. Allerdings verwenden wir deine Angaben, um die dir angezeigte Werbung zu verbessern. Die Anzahl der Werbeanzeigen ändert sich nicht.“ (Facebook)

■ Videos

Standard-Videoqualität Facebook erklart: „Du kannst die Qualität eines Videos immer noch ändern, indem du während des Abspielens auf das HD-Symbol im Videoplayer klickst.“
Dies ist nur die Standardeinstellung.

Video-Autoplay Für die Desktopversion gibt Facebook Folgendes an: „Diese Einstellungen gelten nur für die Facebook-Webseite.“
Hier können Sie – je nach Internetverbindung – auswählen, welche Wiedergabe von Videos erfolgen soll. Facebook erläutert, wie Sie vorgehen sollten:

- „Du kannst die Einstellungen für die automatische Wiedergabe auf ‚Bei mobilen Daten und WLAN-Verbindungen‘, ‚Nur bei WLAN-Verbindungen‘ und ‚Videos nie automatisch abspielen‘ festlegen.“
- „Wenn die automatische Wiedergabe auf ‚Bei mobilen Daten und WLAN-Verbindungen‘ festgelegt ist, werden die Videos automatisch über eine mobile Datenverbindung wiedergegeben. Die verwendete Datenmenge ist davon abhängig, wie lange du ein Video anschaust. Wenn du in den Neuigkeiten an einem Video mit automatischer Wiedergabe vorbeiscrollst, verbraucht dein Telefon weniger Daten, als wenn du das Video für einen längeren Zeitraum abspielst.“
- „Wenn für die automatische Wiedergabe ‚Nur bei WLAN-Verbindungen‘ festgelegt ist, erfolgt die automatische Wiedergabe der Videos nur, wenn dein Telefon oder Tablet mit einem WLAN verbunden ist. Wenn du Facebook über eine mobile Datenverbindung nutzt, musst du auf ein Video klicken, um es wiederzugeben. Wenn du auf ein Video klickst und dieses über eine mobile Datenverbindung wiedergibst, wird der Mobildatentarif beansprucht.“

▶ „Hinweis: Möglicherweise musst du auf ein Video klicken, um es abzuspielen, selbst wenn die Einstellungen für die automatische Wiedergabe auf ‚Bei mobilen Daten und WLAN-Verbindungen' festgelegt sind. Dies könnte der Fall sein, wenn die mobile Verbindung langsam ist oder wenn du kürzlich große Mobildatenmengen verbraucht hast."

Untertitel immer anzeigen „Bei Aktivierung dieser Option werden Untertitel in Videos (sofern verfügbar) immer angezeigt." (Facebook)

Anzeige der Untertitel Hier können Sie den Untertitel nach Belieben und Geschmack einrichten.

Melden eines Profils oder Beitrags

Wollen Sie ein Profil melden, weil es zum Beispiel gefälscht ist? Dann gehen Sie wie folgt vor:

1. Rufen Sie das Profil der Person auf, die Sie melden wollen.
2. Im Bereich des Titelbildes finden Sie unten rechts einen Button mit drei Punkten. Wenn Sie auf diesen klicken, öffnet sich ein Menü und Sie können „melden" auswählen.
3. Nun öffnet sich eine Auswahl und Sie können das Entsprechende aussuchen.
4. Folgen Sie anschließend den Anweisungen von Facebook.

So gehen Sie vor, wenn Sie einen Beitrag aus bestimmten Gründen melden wollen:

1. Wählen Sie den Beitrag aus und klicken Sie darin auf die drei Punkte oben rechts am Beitragsrand.
   Klicken Sie auf „Beitrag melden".
2. Die anschließende Auswahl ist dann Ihrem Meldewunsch entsprechend anzuklicken.
3. Folgen Sie anschließend den Anweisungen von Facebook.

„Hilfe, ich wurde gehackt!"

Immer wieder liest man diesen Satz auf Facebook. Auch „Hilfe, mein Profil wurde kopiert!" kommt häufig vor. Hier handelt es sich meist um zwei verschiedene Dinge, die aber oft synonym verwendet werden. Es gibt zwei Möglichkeiten, die eintreten können:

1. Ihr Profil wird gehackt. Dies erkennt man daran, dass jemand in Ihrem Namen postet bzw. Videos oder Sonstiges verschickt. In diesem Fall rate ich Ihnen dringend:
   - Ihr Passwort zu ändern und
   - die Privatsphäreneinstellungen anschließend noch einmal zu kontrollieren.
2. Die zweite Möglichkeit ist, dass jemand Ihr Profil kopiert. Hier wird Ihr Titelbild, Profilbild und Name in einem anderen Profil erstellt und Ihre Freunde als „Freund" hinzugefügt. Der Hintergrund dieses Kopierens ist die Suche nach Handynummern, die meist sofort nach der Freundschaftsbestätigung angefordert werden.
   - Informieren Sie bitte in diesem Fall Ihre Freunde mittels eines Postings und melden Sie das erstellte Profil.
   - Sie erkennen ein gefälschtes Profil auch immer am fremden Nutzernamen. Schauen Sie im Zweifel in die Browserleiste, vgl. S. 34.

Jutta Zeisset führt auf Facebook ihre eigene Seite sowie 45 weitere mit den verschiedensten Themen.
Quelle: Anna Huber

Facebook-Unternehmensseite

Jutta Zeisset

Welche Vorteile bietet eine Unternehmensseite aus Sicht der Buchautoren?

Jutta Zeisset: „Ich bin mit meinem MuseumsCafé auf Facebook, weil sich dort meine Zielgruppe befindet, dies sind Familien und die Best-Ager. Die Hauptzielgruppe von Facebook liegt zwischen 30 Jahren und 65plus. Es ist auch zu erkennen, dass sich bei Facebook vom Student bis zum Unternehmer alle Gesellschaftsschichten finden."

Thomas Fabry: „Mit meiner Unternehmensseite ‚Fabrykant' kommuniziere ich mit meinen Kunden oder Besuchern. Ich hinterlasse als Unternehmensseite Spuren in Form von Interaktion auf den Seiten meiner Kunden."

Jutta Zeisset: „Mit meiner MuseumsCafé-Seite zeige ich meinen Gästen unseren Arbeitsalltag. Voraussetzung ist, dass diese unsere Seite mit einem ‚Gefällt mir' abonniert haben – auch ‚Like' genannt."

Thomas Fabry: „Mit meinem privaten Profil, das den Namen Thomas Fabry trägt, verwalte ich meine Fabrykant-Facebook-Seite. Dieses private Profil ist die Basis für meine Unternehmensseite. Nach außen ist dies nicht erkennbar. Eine Anleitung für die Erstellung eines privaten Profils finden Sie auf Seite 33 ff."

Jutta Zeisset: „Ein weiterer großer Unterschied ist die Möglichkeit der Evaluierung der Interaktionen auf meiner Seite. Das heißt, ich kann täglich Statistiken einsehen, wer auf meiner Seite ‚Gefällt mir' klickt, Inhalte teilt oder kommentiert."

Aus der Praxis

Der Bundestagsabgeordnete Dieter Stier sieht die sozialen Netzwerke als gute Gelegenheit, um mit den Menschen kommunal bzw. bundesweit in Kontakt zu bleiben. Nach wie vor ist das persönliche Gespräch das Kommunikationsmittel seiner Wahl. Dennoch hebt er im Gespräch mit uns hervor, dass ihm durch die moderne Kommunikationstechnik spannende Möglichkeiten zur Verfügung stehen. Er beschreibt eine Reichweite in deutlich größeren Dimensionen, als sie noch vor wenigen Jahren möglich war. So erreichte ein Ausschnitt einer seiner Reden im Bundestag einmal die Klickzahl von 380 000 Aufrufen und wurde 3 000 Mal geteilt, nachdem dieser vom ARD-Morgenmagazin auf Facebook veröffentlicht wurde.
Dieter Stier beschreibt seine Motivation, auf Social Media aktiv zu werden, folgendermaßen: „Kurz und prägnant über meine Tätigkeit zu berichten,

aktuelle Meldungen fast in Echtzeit wahrzunehmen, aber auch selbst verkünden zu können und natürlich auch die Ereignisse aus dem Freundes- und Bekanntenkreis mitverfolgen zu können." Stier verbringt täglich 10–20 Minuten damit, sein Facebook-Profil zu pflegen. Er postet dabei gelegentlich Bilder oder einen kurzen Text und teilt ab und an Beiträge anderer. Dieter Stier möchte seinen Facebook-Followern auf diese Weise aktuelle und regelmäßige Einblicke in seine Arbeit bieten. Stier schätzt außerdem die Möglichkeit, via Kommentarfunktion rasch Rückmeldungen zu erhalten und zu geben: „Es ist manchmal wie eine Bürgersprechstunde – nur eben im virtuellen Raum."

Erstellen Sie Ihre eigene Facebook-Unternehmensseite

Am Anfang

Klicken Sie oben rechts im blauen Balken oberhalb Ihrer Profilseite auf das Menü bzw. das kleine Dreieck. Nun wählen Sie „Seite erstellen" aus und klicken auf die passende Unternehmensform. Folgen Sie nun den weiteren Anweisungen:

Kategorie auswählen

Wählen Sie für Ihr Unternehmen die passende Kategorie aus und tragen Sie die angefragten Informationen ein.

Profilbild

Laden Sie für die Unternehmensseite am besten Ihr Logo hoch. Falls es kein Logo gibt, wie das bei vielen landwirtschaftlichen Betrieben der Fall ist, können Sie auch ein aussagekräftiges Bild Ihres Betriebes einstellen, zum Beispiel die Hofeinfahrt, die man von der Straße aus sieht. Das hat auch gleich den Vorteil des Wiedererkennungseffekts.

Ein Profilbild der Unternehmensseite sollte immer dasselbe bleiben – das steigert den Wiedererkennungseffekt und die Markenbildung.

Titelbild

Ein Titelbild kann zum Beispiel ein aussagekräftiges Bild des Unternehmens sein. Idealerweise ist die Webseite als Text auf dem Bild enthalten.

Tipp

Beim Klick auf das Titelbild kann der Beschreibungstext des Unternehmens und der Link zur Webseite eingebaut werden. Zur Bearbeitung des Beschreibungstextes wird auf das Titelbild geklickt.

Wichtig: Das Impressum muss ausgefüllt sein (zum Beispiel mit e-recht24.de); auch die Datenschutzerklärung ist Pflicht: Fügen Sie bei „Datenrichtlinie" den Link zur Datenschutzerklärung auf Ihrer Webseite ein.

Informationen über das Unternehmen

Auf jeder Facebook-Seite gibt es den Menüreiter „Info". Entsprechend Ihrer beim Erstellen der Seite ausgewählten Kategorie erscheinen hier unterschiedliche Unternehmensdetails. Diese füllen Sie bitte komplett aus.

Einstellungen

In den Einstellungen klicken Sie sich bitte einmal durch; nehmen Sie sich Zeit, um alles Ihren landwirtschaftlich-betrieblichen Gegebenheiten gemäß auszufüllen. Aus jahrelanger Beratungstätigkeit in landwirtschaftlichen Betrieben und aus eigener Erfahrung erachte ich folgende Einstellungen als elementar wichtig:

Allgemein

Besucherbeiträge Besucherbeiträge entsprechen dem früheren Gästebuch einer Webseite. Besucher können auf der Unternehmensseite ihre Grüße, Anmerkungen, Vorschläge oder Begeisterung über Ihr Produkt hinterlassen. Die Funktion der Besucherbeiträge lässt sich jederzeit unterbinden.

Tipp – Besucherbeiträge

Um unkontrolliertes Posten auf der Unternehmensseite zu unterbinden, können Sie die Funktion an dieser Stelle deaktivieren. Alternativ gibt es die Möglichkeit, Beiträge zu kontrollieren, bevor sie auf der Seite veröffentlicht werden.

Nachrichten Die Nachrichten, die Sie erhalten (nicht gleichzusetzen mit den Posts in Ihrer Chronik), sollten so verbindlich und genauso schnell bearbeitet werden wie eine E-Mail (innerhalb von 3–12 Stunden). Es ist möglich, diese Funktion zu deaktivieren.

Altersbeschränkungen Wichtig: Falls Sie in Ihrem landwirtschaftlichen Unternehmen mit Alkohol arbeiten, wie zum Beispiel in Brennereien, dann sollten Sie den Bezug dazu angeben.

Seitenmoderation Die Seitenmoderation bietet die Möglichkeit, bestimmte Worte auf einer Unternehmensseite zu sperren. Verwendet ein User in seinem Kommentar das in der Seitenmoderation eingefügte Wort, wird dieser Kommentar automatisch nicht veröffentlicht. Dem Seitenadministrator wird dann freigestellt, ob er diesen Kommentar erneut anzeigen lässt. Wichtig hierbei: Die Worte müssen vor dem Kommentieren in der Seitenmoderation aufgeführt werden.

Filter für vulgäre Ausdrücke Diesen Filter setzen Sie bitte auf „stark“.

Content-Distribution Hier sollten Sie ein Häkchen setzen. In manchen Ländern kann man Facebook-Videos herunterladen. Mit diesem Häkchen verhindern Sie dies.

Menü anpassen
Sie können mithilfe der Drag-and-Drop-Funktion Ihr Facebook-Seiten-Menü beeinflussen.

Seite bearbeiten
Bewertungen Das wichtigste Element: Hier können Sie Bewertungen von Nutzern zulassen („Ein") oder nicht zulassen („Aus"). Bei einem landwirtschaftlichen Betrieb, vor allem bei Tierhaltung, empfehle ich, die Bewertungen zu deaktivieren. Und zwar aus folgendem Grund: Abgegebene Bewertungen sind im Nachhinein nur moderierbar und lassen sich nicht löschen.
Dient die Facebook-Seite für Ihr Unternehmen (zum Beispiel Ferienwohnungsbetrieb/Ferien auf dem Bauernhof/Hofgastronomie) der Direktvermarktung, so empfiehlt es sich, die Bewertungen zu aktivieren. Bitte reflektieren Sie Ihren Betrieb in Bezug auf die aktuelle Diskussion in der Öffentlichkeit bzw. der Landwirtschaft und entscheiden Sie dann aus Ihrer persönlichen Erfahrung heraus, ob eine Bewertungsfunktion für Ihren landwirtschaftlichen, gastronomischen oder touristischen Betrieb förderlich ist.

Benachrichtigungen
Benachrichtigungen verstecken sich hinter der kleinen Weltkugel oben rechts in der blauen Leiste. Um keine Aktivität auf Ihrer Facebook-Seite zu verpassen, ist hier die Einstellung „Erhalte für jede Aktivität eine Benachrichtigung" zu markieren. So verpassen Sie keinerlei Kommentare, Besucherbeiträge oder das Teilen eines Beitrags Ihrer Seite.
Bitte aktivieren Sie bei „Nachrichten" ebenfalls „Erhalte bei jeder Nachricht auf deiner Seite eine Benachrichtigung". So entgeht Ihnen auch keine Nachricht, die evtl. eine Bestellung oder eine wichtige Frage zu Ihrem Betrieb sein könnte.
Bei E-Mail-Benachrichtigungen und SMS empfehle ich Ihnen eine Deaktivierung. Dies setzt aber voraus, dass Sie täglich aktiv sind und Ihre Benachrichtigungen lesen, die Sie auf Facebook bekommen.

Rollen im Rahmen der Seitenverwaltung
Auf Facebook-Seiten gibt es sechs Rollen, die von Beteiligten eingenommen werden können:
Administrator „Kann alle Aspekte der Seite verwalten. Er/Sie kann Nachrichten als Seite senden, Beiträge als Seite veröffentlichen, Kommentare auf der Seite beantworten und löschen, Werbeanzeigen erstellen, sehen, welcher Administrator einen Beitrag oder Kommentar erstellt hat, Statistiken anzeigen, Instagram-Kommentare auf der Seite beantworten und löschen, Instagram-Kontodetails der Seite bearbeiten und Seitenrollen zuweisen." (Facebook)

Redakteur „Er kann Nachrichten als Seite senden, Beiträge als Seite veröffentlichen, Kommentare auf der Seite beantworten und löschen, Werbeanzeigen erstellen, sehen, welcher Administrator einen Beitrag oder Kommentar erstellt hat, Statistiken anzeigen, Instagram-Kommentare auf der Seite beantworten und löschen und Instagram-Kontodetails der Seite bearbeiten." (Facebook)

Moderator „Er kann Nachrichten als Seite senden, Kommentare auf der Seite beantworten und löschen, Werbeanzeigen erstellen, sehen, welcher Administrator einen Beitrag oder Kommentar erstellt hat, Statistiken anzeigen und Instagram-Kommentare auf der Seite beantworten und löschen." (Facebook)

Werbetreibender „Er kann sehen, welcher Administrator einen Beitrag oder Kommentar erstellt hat, Werbeanzeigen erstellen sowie Statistiken anzeigen." (Facebook)

Analyst „Er kann sehen, welcher Administrator einen Beitrag oder Kommentar erstellt hat, sowie Statistiken anzeigen." (Facebook)

Live-Mitwirkender „Er kann im Namen der Seite über ein Mobilgerät eine Live-Übertragung starten. Er kann nicht: im Namen der Seite kommentieren, Werbeanzeigen erstellen, auf Beitragsoptionen zugreifen oder Statistiken anzeigen." (Facebook)

Tipp

Bitte benennen Sie zwei Personen als Administrator einer Seite. Warum zwei? Es kam schon vor, dass ein Profil über Nacht verschwunden oder aus nicht erklärbaren Gründen nicht mehr greifbar ist. Daher empfehle ich immer, zwei Administratoren auf einer Seite einzurichten.
Wählen Sie hierfür nur absolut vertrauenswürdige Menschen – ein Administrator hat alle Rechte auf Ihrer Facebook-Seite. Er kann Sie, auch wenn Sie Inhaber des Betriebes sind, als Administrator entfernen und so Ihre Seite beanspruchen. Mitarbeiter sind immer Redakteure!

Personen und andere Seiten

An dieser Stelle sehen Sie Personen und andere Seiten, denen Ihre Facebook-Seite gefällt.
Um zu sehen, wer Ihre Seite mit „Gefällt mir" markiert hat, können Sie sich im Dropdownmenü durchklicken. Es gibt eine Übersicht für:

- Personen, denen Ihre Facebook-Seite gefällt
- Personen, die diese Seite abonniert haben
- andere Facebook-Seiten, denen Ihre Facebook-Seite gefällt
- gesperrte Personen und Seiten

Sperren von Personen Hier gibt es eine Möglichkeit, Personen oder andere Facebook-Seiten auf Ihrer Seite zu sperren: Facebook erklärt: „Klicke in der Liste der Personen, denen deine Seite gefällt, auf das Symbol, um jemanden aus der Liste der Personen, denen die Seite gefällt, zu entfernen oder zu sperren. Eine gesperrte Person kann auf der Seite nichts mehr posten, kommentieren oder andere Handlungen vornehmen."

■ Instagram

Facebook und Instagram kann man verbinden. Vor allem, wenn man bei Instagram ein Business-Profil erstellen möchte, ist diese Verbindung zwingend nötig. Bei diesem Reiter kann man die Einstellungen von Instagram auch am Desktop einrichten, was ziemlich praktisch ist – ideal für Menschen, die nicht so gerne mit dem Smartphone Profile einrichten.
Die Verbindung von Facebook und Instagram ermöglicht Folgendes:

„Bearbeite dein Instagram-Konto über Facebook" „Admins und Redakteure deiner Seite können dein Instagram-Konto direkt über Facebook verwalten." (Facebook)

„Verwaltung von Instagram-Kommentaren über die Seitenmanager-App" Facebook gibt hierzu an: „Admins, Redakteure und Moderatoren können Kommentare zu deinen Instagram-Beiträgen im Postfach deines Seitenmanagers lesen und darauf antworten."

> **Tipp**
>
> Laden Sie sich über App-Store/Play-Store den Facebook-Seitenmanager auf Ihr Mobiltelefon.

„Instagram-Werbeanzeigen über Facebook erstellen" Werbeanzeigen, die auf Facebook eingerichtet werden, kommen von @undefined, wenn Sie entscheiden, diese auf Instagram zu veröffentlichen.

■ Seitenfeed der Facebook-Seite

Als Seitenfeed bezeichnet man den Stream (neu eingetroffene Information), den man sieht, wenn man als Facebook-Seite andere Facebook-Seiten mit „Gefällt mir" markiert. Dies ist eine sehr gute Möglichkeit, als Seite zu agieren und Kommentare bei anderen Beiträgen zu hinterlassen. So werden Sie auch als Betrieb auf Facebook wahrgenommen. Zusätzlich können Sie sich so einen Stream mit Facebook-Seiten aufbauen, ohne diese mit Ihrem privaten Profil mit „Gefällt mir" markieren zu müssen.

- **Freunde einladen, die eigene Facebook-Seite mit „Gefällt mir“ zu markieren**

Sie können die Freunde, mit denen Sie privat verbunden sind, einladen, Ihre eigene Facebook-Seite zu liken. Diese Funktion finden Sie in der Desktopversion auf der rechten Seite Ihrer Facebook-Seite unter Community. In der Seitenmanager-Smartphone-App finden Sie diesen Bereich unterhalb Ihrer Like-Anzahl.

Tipp

Warten Sie mit dem Einladen Ihrer Freunde bitte, bis Sie eine Weile guten Kontakt mit ihnen pflegen. Social Media sind weit mehr als nur ein Like auf Ihrer Facebook-Seite. Zeigen Sie aufrichtiges Interesse an Ihrem Mitmenschen und suchen Sie nicht nur Likes für Ihre Facebook-Seite.

Posten auf Facebook

Unterhalb des Titelbildes finden Sie den Bereich, in dem Sie etwas auf Ihrer Seite posten können. Eine Erklärung zu jeder Sparte finden Sie anschließend. Es gibt fünf Möglichkeiten, Fotos oder Videos zu teilen:

- Fotos/Videos hochladen
- Fotoalbum erstellen
- Erstellen Sie ein Fotokarussell
- Slideshow erstellen
- Canvas erstellen

- **Fotos/Videos hochladen**

Laden Sie beliebig viele Fotos oder auch ein Video als Beitrag auf Ihre Seite hoch. Anschließend erstellen Sie den zum Bild oder Video passenden Text.

- **Fotoalbum erstellen**

Erstellen Sie hier ein Fotoalbum aus mehreren Fotos. Achten Sie dabei auf Folgendes:

- Geben Sie Ihrem Fotoalbum einen zu den Bildern passenden Namen.
- Die Beschreibung des Albums ist anschließend als Postingtext zu sehen (s. Kasten: So planen Sie ein Posting, S. 52).
- Hier können Sie jedem Bild eine individuelle Beschreibung geben. Zusätzlich können Sie Profile oder Seiten in jedem einzelnen Bild markieren.

Das Besondere am Fotoalbum ist die Möglichkeit, jederzeit weitere Bilder hinzuzufügen. Bei späterem Ergänzen von Bildern wird das Album als erneutes Posting auf Ihrer Facebook-Seite aktualisiert. Fotoalben eignen sich wunderbar, um verschiedene Arbeitsschritte zu beschreiben, zum Beispiel den Bau eines Biogasfermenters (s. Facebook-Seite des Energiehofs Weitenau).

Tipp

Erstellen Sie ein Album mit den von Ihnen erstellen Postings – dies eignet sich ideal bei Themenreihen oder beispielsweise Serien.

Fotokarussell erstellen

Erstellen Sie anhand eines Links ein Karussell mit verschiedenen Fotos, die alle auf eine Webseite verlinken. Wenn Sie auf den Reiter „Foto oder Video" klicken, können Sie die Erstellung eines Karussells auswählen.

Ein Fotokarussell können Sie nicht ohne einen Link zu einer Webseite erstellen.

Und so gehts:

- Geben Sie zuerst den vollständigen Link zu der gewünschten Webseite ein, Beispiel: https://socialmedia-fuer-landwirte.de
- Klicken Sie dann auf den Pfeil, der sich rechts vom Eingabefeld befindet.
- Es öffnet sich ein normales Postingfeld. Sie können nun noch weitere Fotos hinzufügen. Klicken Sie hierfür auf das unten zu sehende Feld mit dem + und wählen Ihre hochzuladende Datei aus.
- Sobald Sie mehr als nur ein Foto zu Ihrem Fotokarussell einfügen, können Sie für jedes Foto individuelle Links vergeben. Fahren Sie mit Ihrer Maus hierfür über das gewünschte Bild. Es erscheint ein Icon und die Aufschrift „Ziel-URL bearbeiten", mit einem Klick öffnet sich ein Fenster, in das Sie den individuellen Link einfügen und bestätigen können.
- Mit einem Klick in das Beschreibungsfeld lässt sich auch dieser Text individuell bearbeiten.

Anschließend wieder auf „Veröffentlichen" oder „Planen" klicken.

Tipp

Machen Sie regen Gebrauch von diesen Funktionen – verschiedene Postingarten machen Ihre Facebook-Seite attraktiv und abwechslungsreich.

Slideshow erstellen

Facebook lebt von bewegten Bildern und Videos. Deshalb ist eine Slideshow – vormals Diashow – ein sehr nützliches und einfaches Tool, um aus 3–10 Fotos ein Video zu erstellen:

- Fügen Sie Ihre gewünschten Bilder hinzu.

Es dauert einen kurzen Moment, bis die Slideshow erstellt ist – Facebook benachrichtigt Sie, wenn sie online ist.

Bei Bedarf können Sie den Reiter „Musik“ auswählen und den Bildern zuordnen oder eigene GEMA-freie Musik hochladen.
- Anschließend können Sie die Slideshow planen oder veröffentlichen.

Tipp

Folgende Einstellungen empfehle ich Ihnen für eine normale Slideshow mit Bildern ohne Text:
- Seitenverhältnis: quadratisch oder rechteckig
- Anzeigedauer: 2 Sekunden
- Übergang: verblassen

Canvas

Geschichten anhand der Kombination aus Bildern, Text und Videos zu erzählen, ist mit Canvas ein Leichtes! Canvas ist speziell für Smartphones und die Facebook-Werbung gedacht.
Mit einem Klick auf „Canvas erstellen“ öffnet sich eine Übersicht: Hier können Sie Layouts entdecken, eine Tour starten, ein leeres Canvas öffnen oder Sie bekommen Tipps und Best Practices sowie Beispiele.
Öffnet man ein leeres Canvas, lassen sich verschiedene Komponenten auswählen:
- Button
- Karussell
- Foto
- Textblock
- Video
- Filialsuche
- Überschrift

Wählen Sie Ihre Komponente aus und starten Sie mit Ihrer Canvas. Sie können die einzelnen Komponenten im Nachhinein beliebig verschieben und neu ordnen. Nach dem Speichern und der anschließenden Fertigstellung können Sie das Canvas bewerben.

So planen Sie ein Posting

Nachdem Sie ein Foto, Video, ein Karussell oder eine Slideshow erstellt haben, ergänzen Sie Ihren Text, bis alles fertig ist. Im nächsten Schritt klicken Sie beim Veröffentlichen nicht auf den Button „Veröffentlichen“, sondern auf den Pfeil daneben. Es erscheint die Auswahl „Planen“. Wählen Sie nun das gewünschte Datum und die Zeit aus, an dem Ihr Posting veröffentlicht werden soll. Zudem haben Sie hier auch die Möglichkeit, ein Posting mit einem „Enddatum der Verbreitung“ zu versehen. Gerade wenn Sie ein Angebot, eine Aktion oder einen Gruß zu einem bestimmten Datum veröffentlichen, ist diese Funktion ideal. Es empfiehlt sich, diese auch anzuwählen.

Weitere Menüpunkte und Einstellungen

Auf Ihrer Facebook-Seite gibt es links neben den Einstellungen noch weitere Reiter. Diese sind: Postfach, Benachrichtigungen, Statistiken und Beitragsoptionen.
Im **Postfach** finden Sie die Nachrichten, die Sie an Ihre Facebook-Seite bekommen.

Kontrollieren Sie Ihre Benachrichtigungen immer wieder und regelmäßig, mindestens einmal am Tag.

Tipp

Beantworten Sie Facebook-Nachrichten so schnell wie möglich. Bei Facebook wird eine schnelle Beantwortung positiv bewertet und wirkt sich günstig aus. Benachrichtigungen sind Erinnerungen, dass auf Ihrer Seite jemand kommentiert, geliked, geteilt oder sogar bewertet hat.

Beitragsoptionen

Beim Reiter „Beitragsoptionen" bekommen Sie eine schnelle Übersicht über Ihre Beiträge mittels weiterer Unterpunkte:

- Beiträge
- veröffentlichte Beiträge
- geplante Beiträge
- Entwürfe
- ablaufende Beiträge
- Videos
- Videosammlung
- Videos, die du mehrfach posten kannst
- Lead Ad-Formulare
- Formularsammlung
- Sammlung von Formularentwürfen
- Events
- Canvas

Erstellen Sie einen Benutzernamen

Sie können bei Ihrer Facebook-Seite einen eigenen Benutzernamen auswählen. Meine Erfahrung hat gezeigt, dass Facebook dies manchmal sofort zulässt und ein anderes Mal erst ab 30 Likes. Nutzen Sie diese Möglichkeit, um Ihre Seite zu personalisieren. Wählen Sie genau wie bei Ihrem privaten Profil einen griffigen, eindeutigen Benutzernamen.

Erstellen Sie einen Button

Klicken Sie auf „Button erstellen" und wählen Sie die gewünschte Anzeige aus.

Facebook-Statistiken-Insights

Sie finden auf Ihrer eigenen Facebook-Seite eine sehr ausführliche Übersicht über die Aktivitäten auf Ihrer Seite. Es ist wirklich sehr span-

nend zu beobachten, wie Ihre User agieren und auf welchen Beitrag sie mehr oder weniger reagieren. Beobachten Sie diese Statistiken regelmäßig und vor allem auch die unterschiedlichen Beitragsarten. Sie können sehen, welche Personen auf Ihrer Seite wann agiert haben. Reichweite, Seitenaktivitäten, Aufrufe, Beitragsinteraktion – all dies sind Insights (Einblicke, Erkenntnisse), die vieles über Ihre Seite aussagen. Sie können die Übersicht auf „Heute", „Gestern", „Letzte 7 Tage" oder „Letzte 28 Tage" umstellen und die jeweiligen Ergebnisse einsehen.
Links im Menü gibt es verschiedene Reiter, die Aussagen über Ihre Seite liefern:

- **Abonnenten**

Abonnenten sind User, die Ihre Seite geliked oder abonniert haben. Sie finden dort die Information, wie viele User Ihre Seite abonniert haben oder wie viele nicht mehr. Sie können auch sehen, ob diese Aktion über das Handy oder über den PC erfolgte.

- **„Gefällt-mir"-Angaben**

Die „Gefällt-mir"-Angaben sagen aus, wie viele Personen Ihre Seite geliked haben. Die Informationen, die Sie in der Statistik finden, folgen den Angaben zu den Abonnenten.

- **Reichweite**

Die Statistiken zu den Reichweiten sind für einen Seiteninhaber die wichtigsten Angaben. Schauen Sie diese in allen Einzelheiten an und klicken Sie sich durch die einzelnen Reiter. Tagesgenau können Sie hier sehen, wie viele Personen Ihre Beiträge erreichen.

Interview mit Juliane Vees

Juliane Vees ist Unternehmerin und Landwirtin sowie Präsidentin des LandFrauenverbandes Württemberg-Hohenzollern. Ihre Webseite: www.energiehof-weitenau.de/

Was bewegt Sie, täglich Social Media zu nutzen?

Juliane Vees: „Social Media ist für mich ein Instrument der Öffentlichkeitsarbeit, das mir sehr gut liegt. Ich kann die verschiedenen Kanäle mit meinem Handy von überall bedienen, vorausgesetzt, es gibt ein ausreichend schnelles Netz. Ich nutze die Sozialen Medien hauptsächlich für Themen der Verbandsarbeit, in meinem Fall des LandFrauenverbandes Württemberg-Hohenzollern, für den ich zum Beispiel bei Facebook einen Admin habe. Des Weiteren für unseren Betrieb, hier haben wir eine eigene Hofseite auf Facebook sowie eine App. Als Energiehof Weitenau haben wir uns ganz klar das Ziel gesetzt, unsere tägliche Arbeit öffentlich zu erklären und die Menschen auf diese Art mitzunehmen. Für uns ist dies modernes ‚Reputationsmanagement'. Zuletzt findet man mich noch unter meinem eigenen Namen bei Facebook, Twitter, Instagram und ab und zu bei Goggle+. Hier zeigt sich dann das breite Spektrum meines ehrenamtlichen Engagements. Von Kommunalpolitik über Frauenthemen bis hin zur Situation im ländlichen Raum, alles, was ich bewegen und verändern möchte, findet hier Eingang. Was man so gut wie nie dort findet, sind private Bilder und Geschichten, dafür nutze ich andere Kanäle wie WhatsApp."

Was war Ihr schönstes Erlebnis mit sozialen Netzwerken?

Juliane Vees: „Ganz wunderbar finde ich die vielen tollen, engagierten Menschen, welche ich über die sozialen Netzwerke online und mittlerweile auch manche persönlich kennenlernen durfte. Jeden Tag be-

Juliane Vees ist leidenschaftliche Netzwerkerin und aktive LandFrau.
Quelle: Anna Huber

komme ich neue Impulse im Netz, Informationen aus erster Hand, und wenn ich eine Fachfrage habe, findet sich sicher jemand, der mir die passenden Tipps gibt. Ganz konkret haben wir über Facebook eine Bitte an die Firma New Holland Agriculture gerichtet, den Prototyp eines mit Methan fahrenden Traktors testen zu dürfen. Aufgrund unserer guten Öffentlichkeitsarbeit hat sich dann New Holland dazu entschieden, den Traktor unentgeltlich zur Verfügung zu stellen. Wir konnten ihn bei unserem ‚Tag der offenen Tür' im Betrieb zeigen sowie danach ein paar Wochen ausprobieren. Das finde ich klasse!"

Was war die schlechteste Erfahrung, die Sie gemacht haben?
Juliane Vees: „Wo Licht ist, ist auch Schatten, da stellen die sozialen Netzwerke keine Ausnahme dar. Wichtig ist, sich gut im Umgang damit schulen zu lassen, um keine grundlegenden Fehler zu machen. Richtig schlechte Erfahrungen habe ich daher noch keine gemacht, bis auf hier und da ein paar Menschen, die in ihren Texten ausfällig oder zudringlich wurden. Ich lösche solche Beiträge dann, schließlich befinden die sich in meinem Zuständigkeitsbereich. Gut ist, dass man ja die Instrumente dafür hat, solche Leute aus der Freundesliste zu entfernen."

Wie viel Zeit benötigen Sie für Ihre eigene Facebook-Seite pro Tag?
Juliane Vees: „Für meine eigene Seite benötige ich ca. 15 Minuten im Schnitt, für den Betrieb auch in etwa so viel. Natürlich schaut man dann auch bei den anderen vorbei, dann kann es schon mal länger gehen. Was Arbeit macht, sind die Texte, die aus meiner Sicht gut formuliert und möglichst spannend geschrieben sein sollten. Nur so kann man erreichen, dass Menschen, die von Landwirtschaft keine Ahnung haben, auch verstehen, was auf den Fotos zu sehen ist. Die Verlinkung von Namen, der Örtlichkeit und der beteiligten Personen halte ich für sehr wichtig, um eine möglichst große Reichweite des Beitrags sicherzustellen."

Welchen Effekt haben Sie durch Facebook in Ihrer Arbeit erzielt?
Juliane Vees: „Es ist toll zu sehen, wer zum Beispiel unsere betrieblichen Beiträge anschaut und ab und an kommentiert. Hierbei sind auch Persönlichkeiten, die die Inhalte aufnehmen und zum Beispiel an anderer Stelle politisch oder in der Öffentlichkeit nutzen. Somit können wir als Vorreiter Themen setzen und unsere Anliegen weitertragen. Auch hatten wir als Seminarbetrieb schon oft Gruppen zu Gast, die über unseren Facebook-Auftritt auf uns aufmerksam wurden. Für den LandFrauenverband konnten wir schon einige tolle Referenten engagieren, die wir im Netz entdeckt haben. Außerdem sprechen wir online ein völlig anderes Publikum über Facebook oder Instagram an, als wir es bei Bildungsangeboten vor Ort haben. So werden wir als hellwacher und aktueller Verband wahrgenommen, der sich den Zukunftsthemen offensiv stellt."

Würden Sie anderen empfehlen, eine eigene Facebook-Seite zu erstellen und zu pflegen?

Juliane Vees: „Eindeutig ja! Es lohnt sich auf jeden Fall, auch wenn man nicht so viel Zeit investieren möchte. Egal, ob Homepage, Tage der offenen Tür oder Betriebsflyer, nichts ist aktueller, schneller und gezielter einzusetzen als ein Facebook-Auftritt des Betriebs. Mit keinem anderen Instrument ist es möglich, ungezwungen in einen Dialog mit den Lesern zu treten. Ohne viel Aufwand und Kosten kann man hier, so ist es unsere Erfahrung, viel erreichen, und für Selbstständige mit Direktvermarktung, Hofläden oder sonstigen Angeboten ist es aus meiner Sicht sogar zwingend notwendig. Moderne Betriebe sollten sich diesem Thema stellen und schauen, wer vom Team Freude an Öffentlichkeitsarbeit hat und authentisch vom betrieblichen Alltag berichten möchte. Hier sollte es nicht als lästige Pflicht empfunden werden, sondern als ein geeignetes Instrument, den Menschen sein Leben auf dem Hof zu zeigen und so zu mehr Verständnis für die moderne Landwirtschaft beizutragen."

Interview mit Elke Pelz-Thaller

Elke Pelz-Thaller ist „Mentalbäuerin" (aus: Bäuerin und Mentaltrainerin) und im Netz unter https://pelz-thaller.de zu finden.

Was bewegt Sie, täglich Social Media zu nutzen?

Elke Pelz-Thaller: „Bei mir sind es zum einen die geschäftlichen Gründe: Ich kann diese Plattformen gut nutzen, um meine Arbeit der Öffentlichkeit zugänglich zu machen und so eine Wertschätzung dafür zu erzielen. Da ich zum einen Bäuerin bin, ist es mir ein Anliegen, die Gesell-

Elke Pelz-Thaller lebt Social Media jeden Tag und ist aktive Netzwerkerin.
Quelle: Anna Huber

schaft auf diesem Wege mitzunehmen, Einblick in unser Tätigkeitsfeld zu geben und darüber wieder Akzeptanz herzustellen. Es ist für mich ein Medium des ‚Brückenbaus' geworden. Als Persönlichkeitstrainerin kann ich über eigene Beiträge zum Nachdenken anregen und meine Sicht der Dinge einer breiten Öffentlichkeit mitteilen. Dies führt in der Regel dazu, dass potenzielle Auftraggeber ein ‚Bild' von meiner Person bekommen und Interesse anmelden – ein ganz klar geschäftlicher Nutzen.
Des Weiteren behaupte ich, über Social Media ein Gespür entwickeln zu können, was sich gesellschaftlich tut, vorausgesetzt, man ist breit vernetzt und befindet sich nicht in der eigenen Meinungsblase.
Dann habe ich auch private Gründe, soziale Netzwerke zu nutzen: Da ich beruflich viel unterwegs bin, stellt Facebook eine ‚Nabelschnur' zu meinen mir wichtigen Personen dar. Ich kann jederzeit über deren Timeline sehen, was sie gerade so machen bzw. wie es ihnen geht, und über den Messenger unkompliziert Kontakt halten. Das empfinde ich persönlich als großen Segen. Man ist sich nah, obwohl man räumlich eine große Distanz hat."

Was war Ihr schönstes Erlebnis mit sozialen Netzwerken?
Elke Pelz-Thaller: „Ich kann es nicht auf ein Erlebnis reduzieren, denn es gibt sehr viele davon. Trotzdem erinnere ich mich ganz besonders gerne an eine Kontaktanfrage von jemandem, den ich seit über 30 Jahren aus den Augen verloren hatte. Das hat mich tief berührt!"

Was war das schlechteste Erlebnis?
Elke Pelz-Thaller: „Mal abgesehen von den mich täglich erreichenden ‚Kontaktanfragen' von angeblich verwitweten, alleinerziehenden Generälen aus Übersee, die eine ‚Frau fürs Leben' suchen – aufgrund der geschäftlichen Vorteile ist mein Profil bewusst öffentlich –, kann ich kein explizit schlechtes Erlebnis beschreiben. Facebook bietet mir ja auch Werkzeuge, mich davor zu schützen. Trotzdem muss man wissen, dass jeder Post natürlich auch Reaktionen auslösen kann, die heftig sind. Das muss ich immer im Hinterkopf behalten. Die Diskussionskultur zeigt in vielen Bereichen ihr wahres, unverblümtes Gesicht. Aufgrund der Tatsache, dass man keine Face-to-Face-Kommunikation betreibt, fühlen sich manche Menschen nicht aufgefordert, den guten Ton zu wahren. Damit muss man rechnen und den Umgang damit lernen. Ich entscheide sehr bewusst, was ich poste und was nicht."

Wie viel Zeit verbringen Sie in sozialen Netzwerken?
Elke Pelz-Thaller: „Ich nutze Facebook und Instagram wirklich täglich! Früher las ich die Tageszeitungen analog, heute bleibe ich über meine abonnierten Seiten auf Social Media aktuell. Früher musste ich oft lange Telefonate führen, heute genügt eine Nachricht über den Messenger. Früher hat man mühsam Veranstaltungseinladungen gedruckt, heute

stellt man sie einfach ins Netz. Mir fällt es schwer, dies alles gegeneinander aufzuwiegen – Fakt ist: Social Media sind mittlerweile in mein Leben integriert, und das wären sie nicht, wenn ich davon Nachteile bezüglich der Zeitressourcen empfände.“

Welchen Effekt haben Sie durch Facebook in Ihrem Unternehmen erzielt?
Elke Pelz-Thaller: „Auch dies vermag ich nicht hundertprozentig zu beurteilen, da es einen Gesamtprozess darstellt. Ich erkenne allerdings über meine Art der Posts, dass ich gesellschaftlichen Einfluss ausübe – bezüglich der Einblicke in den Bereich Landwirtschaft zum einen und zum anderen durch öffentliche Kommentare nach meinen Vorträgen und Seminaren, die durchaus Interesse bei weiteren Auftraggebern wecken und faktisch in großen Teilen sichern können.“

Würden Sie anderen empfehlen, eine eigene Facebook-Seite zu erstellen?
Elke Pelz-Thaller: „Diese Frage möchte ich gerne als Persönlichkeitstrainer beantworten:
Ich empfehle grundsätzlich nichts, wenn ich den Menschen dahinter nicht kenne. Wir alle ticken sehr individuell und ich kann mir durchaus vorstellen, dass es Menschen gibt, die sich mit diesem Medium aufgrund vieler individueller Sichtweisen, Erfahrungen und auch Überzeugungen nicht anfreunden können. Man muss schon ein Gespür haben für die Social-Media-Welt und sich ihr stellen. Nur weil ich positive Erfahrungen mache, heißt das nicht, dass dies auch für andere gilt. Alles hat seine zwei Seiten! Aber über kontroverse sachliche Diskussionen kann man sich das Seine sicherlich herausziehen und letztendlich dann selbst entscheiden, dieses Medium zu nutzen oder auch nicht.
Ich persönlich kann es mir ‚ohne‘ nur noch schwer vorstellen – ich habe versucht, die Gründe dafür in diesem Interview in Teilen darzustellen.“

Community Management

Facebook eignet sich hervorragend, um eine Community aufzubauen – und das ist mehr als ein Trend! Mit einer Facebook-Seite, aber auch mit einer Facebook-Gruppe, kann man eine Gruppe von Menschen zusammenbringen und -halten. Es ist großartig, zu sehen, wie Menschen im Zusammenschluss agieren. Facebook bietet zu unterschiedlichsten Themen Gruppen an.

Community-Management nimmt zwar Zeit in Anspruch, aber es ist sehr nachhaltig und effizient.

Sie sind der Experte!

Für Sie als Landwirt kann diese Art von Management ein geniales Tool sein, um zu zeigen, dass Sie der Experte im Thema sind. Zum einen können Sie sich einmischen und Ihr Fachwissen weitergeben. Zum anderen ist es sehr gut möglich, dass Sie Ihre Kunden in einer Gruppe organisieren. Dies kann zum Beispiel das Thema Frischfleisch sein – Sie zeigen in der Gruppe, wie Ihre Tiere leben, wie diese gehalten werden, den kompletten Zyklus. Die Leute können Sie zu allen Aspekten fragen, die das Tier betreffen und Sie können im geschützten Raum der Gruppe antworten. Der Verkauf des Fleisches ist dann nur noch Formsache.

Gleichgesinnte treffen

Auf Facebook gibt es zahlreiche Gruppen mit dem Thema Landwirtschaft – auch Gruppen, die das Thema Ernährung als Motto haben. Schaffen Sie sich hier eine neue interessante Gemeinschaft, die zu Ihrer Zielgruppe passt, und Sie werden sehen, es lohnt sich. Haben Sie einen langen Atem, eine Gruppe baut sich nicht von heute auf morgen auf. Meine LandFrauen-in-DE-Gruppe hat zwei Jahre gebraucht, um eine echte Community zu werden. Sie ist heute die größte Gruppe mit aktiven Landfrauen in ganz Deutschland (https://www.facebook.com/groups/landfrauenDE).

Social Media für Landwirte: eine Facebook-Gruppe für Fragen und Antworten rund um die Sozialen Medien: https://www.facebook.com/groups/socialmediafuerdenlaendlichenraum

Hilfe bekommen

Ich habe auch eine Gruppe gegründet, in der sich Menschen gegenseitig helfen, wenn es ein Problem rund um das Thema Social Media geht. Ein wichtiges Forum, in dem Sie alle Fragen stellen können und Antworten bekommen. Treten Sie diesem gerne bei.
So erstellen Sie Ihre eigene Gruppe:

- Mit einem Klick auf den Einstellungspfeil in der oberen blauen Leiste öffnen Sie im Menü den Reiter „Gruppe erstellen".
- Geben Sie Ihrer Gruppe einen passenden Namen, zum Beispiel „Alles rund um die Tomate".
- Fügen Sie mindestens eine Person zu dieser Gruppe hinzu.
- Wählen Sie aus, welche Privatsphäre Ihre Gruppe bekommen soll.
- Optional können Sie die Gruppe zu den Favoriten hinzufügen.
- Mit einem Klick auf den Button „Erstellen" erstellen Sie die Gruppe.
- Wählen Sie ein passendes Icon für Ihre Gruppe.
- Personalisieren Sie die Gruppe mit einem passenden Titelbild.

Gruppeneinstellungen bearbeiten

Mit einem Klick auf den Menüpunkt „mehr" können Sie die Gruppeneinstellungen öffnen.
Folgende Auswahl ist zu empfehlen:

- Wählen Sie die passende Art für Ihre Gruppe aus und versehen Sie die Beschreibung eindeutig mit dem Thema, das in der Gruppe behandelt werden soll.
- Tags sind Schlagworte, die das Thema der Gruppe beschreiben. Geht es darin zum Beispiel um Essen, wäre „Essen und Trinken" der passende Tag.

Damit Interessierte die Gruppe leichter finden, können Sie Ihren Standort eingeben. Die Verknüpfung mit Ihrer Facebook-Seite bietet sich dann an, wenn das Thema Ihrer Gruppe zu Ihrer Seite passt. Die Gruppe ist dann an Ihrer Facebook-Seite angehängt und dort eindeutig sichtbar. Legen Sie die E-Mail-Adresse für die Gruppe fest und erstellen Sie eine passende Internetadresse.

Gruppen haben drei verschiedene Arten der Privatsphäre

Öffentliche Gruppe Hier kann jeder, auch Nichtmitglieder, die Beiträge sehen und teilen.
Geschlossene Gruppe Diese ist auf Facebook in der Suche zu finden, jedoch kann von außen niemand deren Beiträge sehen.
Geheime Gruppe Diese Gruppe wird in den Suchergebnissen nicht angezeigt und die Beiträge sind nur von den Mitgliedern einsehbar.

Wählen Sie nun die passende Privatsphäre aus (s. Kasten). Nur der Administrator sollte neue Mitglieder bestätigen können. Wählen Sie nun die Einstellungen zu Beiträgen, Posts und Storys aus.

Um eine Gruppe vollständig zu löschen, müssen Sie zuerst alle Mitglieder entfernen.

Werben

Nachdem Sie die Gruppe vollständig erstellt haben, können Sie diese auf Ihrer Facebook-Seite oder Ihrem privaten Profil posten, um dafür zu werben. Seien Sie selbst der aktive Part der Gruppe. Sprechen Sie bewusst Personen an, die Sie unterstützen bzw. Mitglieder werden können. Es wird meist nicht so gern gesehen, wenn man ohne Vorwarnung einer Gruppe hinzugefügt wird. Bitte sprechen Sie Ihre Freunde vorher auf diese Gruppe an und fragen Sie, ob sie beitreten möchten.

Administratoren

In der Gruppe können Sie mehrere Administratoren berufen, die die Gruppe mit Ihnen pflegen. Administratoren können Mitglieder zur Gruppe hinzufügen und Mitgliedsanfragen blockieren. Sie können ebenfalls einzelne Mitglieder aus der Gruppe ausschließen.

Prüfen Sie bitte jedes Profil, bevor Sie ein neues Mitglied in die Gruppe aufnehmen, da Gruppen bei Spammern sehr beliebt sind. Diese verbreiten dann Kreditangebote, Ernährungstipps oder Ähnliches.

- **Regeln**

Es empfiehlt sich, für eine Gruppe Regeln zu verfassen. So hat man für das Management eine klare Aussage und eine Linie, an die sich alle halten können/müssen.

- **Insights**

Sobald die Gruppe eine Weile besteht, bekommen Sie Gruppen-Insights – eine schöne Statistik über die Aktivität der Mitglieder, interessante Interaktionsdetails sowie das Wachstum der Gruppe.

Interview zum Community Management mit Marcus Holtkötter

Mit „Bauernwiki“ – die Gruppe zur Seite –, haben Sie eine große Community geschaffen. Wie lange hat es gedauert, diese aufzubauen?
Marcus Holtkötter: „Gestartet haben wir diese Facebook-Gruppe parallel zur Facebook-Seite ‚Bauernwiki – Frag doch mal den Landwirt‘. Bauernwiki ging 2014 an den Start. Seitdem wächst die Gruppe, die ausschließlich aus Mitgliedern, die ganz eng mit der Landwirtschaft zu tun haben, stetig.“

Welchen Mehrwert bietet die Gruppe den Mitgliedern?
Marcus Holtkötter: „Diese Community ist der Mehrwert. Wir unterstützen uns gegenseitig zum einen bei der Erstellung der fachlichen Beiträge für die Facebook-Seite, den Twitter-Kanal oder den Instagram-Account und zum anderen bei akuten Problemen auf einer eigenen Hofseite oder bei Themen, die fachlich speziell sind. In der Gruppe sind sehr viele ak-

Marcus Holtkötter ist einer der drei Gründer von „Frag doch mal den Landwirt“.
Quelle: Anna Huber

tive Landwirte, die in verschiedensten Sparten tätig sind. Genauso vielfältig ist das Wissen in der Community. Wir können uns so ganz einfach vernetzen und voneinander lernen. Gerade das Vernetzen ist für uns ein entscheidender Punkt, hier wollen wir noch besser werden.“

Wie haben Sie es geschafft, die Gruppe bekannt zu machen?
Marcus Holtkötter: „Das war durch unsere Facebook-Seite ein Selbstläufer. Die geschlossene Gruppe ist auf der Seite bekannt gemacht worden, aber auch in der Facebook-Suche zu finden. Die Fachpresse hat uns sehr geholfen, unsere Gruppe noch breiter in die Massen zu bringen.“

Welche Themen werden in der Gruppe behandelt?
Marcus Holtkötter: „Hier geht es um die aktuellen Themen in der Landwirtschaft, die Höfe, aber auch zum Beispiel um das Kind eines Landwirts, das in der Schule gemobbt wird. Gerade in solchen Situationen sind wir eine starke Gemeinschaft, die sich gegenseitig unterstützt. Hier wird nicht unbedingt gefragt, welcher Pflug gerade angesagt ist – dafür gibt es andere Gruppen auf Facebook. Unser Hauptthema ist ganz klar die Unterstützung der eigenen Landwirte in Deutschland.“

Haben Sie mehrere Administratoren?
Marcus Holtkötter: „Ja, wir haben mehrere Administratoren, das hilft uns, die Arbeit aufzuteilen. Uns war auch sehr wichtig, dass aus allen Teilen Deutschlands Administratoren in unserer Gruppe sind. Wir achten sehr genau darauf, wer aufgenommen wird und prüfen jedes einzelne Profil vor der Bestätigung.“

Gruppen gewinnen immer mehr an Bedeutung bei Facebook, merken Sie das auch?
Marcus Holtkötter: „Oh ja, seit etwa zwei Jahren gibt es einen deutlichen Zuwachs an Beitrittsanfragen. Mittlerweile sind wir eine starke Community mit über 1000 Mitgliedern aus der aktiven landwirtschaftlichen Branche.“

Gibt es eine Situation, in der Ihnen oder anderen diese Gruppe geholfen hat?
Marcus Holtkötter: „Im letzten Jahr gab es ein ganz extremes Beispiel in Schleswig-Holstein. Eine Bäuerin mit eigener Facebook-Seite benötigte akut Hilfe auf ihrer Seite. Der Shitstorm war in vollem Gange und unsere Gruppenmitglieder sind darauf aufmerksam geworden. Sofort wurde die Gruppe informiert und viele eilten zu Hilfe. Neben der aktiven Unterstützung auf der Seite bekam die Bäuerin auch Hilfe im Umgang mit der ganzen Situation. Ein sehr starkes Gefühl, wenn man weiß, dass man sich auf die anderen verlassen kann und nicht alleine gelassen wird.“

INSTAGRAM

Instagram

Jutta Zeisset

Welche Vorteile sehen die Buchautoren in der Nutzung von Instagram?

Jutta Zeisset: „In Seminaren werde ich oft gefragt: ‚Warum sollte ich ein Portal betreuen, das ich nur vom Smartphone aus bedienen kann?'" Meine Antwort: „Gehen Sie dorthin, wo sich Ihre Zielgruppe aufhält."

Thomas Fabry: „Instagrams Hauptzielgruppe sind derzeit junge Menschen. Wollen Sie diese Gruppe erreichen, dann sollten Sie hier aktiv werden."

Jutta Zeisset und Thomas Fabry schauen sich eine Story auf dem Smartphone an.
Quelle: Anna Huber

Jutta Zeisset: „Wichtig ist es, die nachfolgende Generation heute schon zu erreichen."

Thomas Fabry: „Mit Instagram können Sie den Moment festhalten, dafür brauchen Sie ein aktuelles Smartphone mit ausreichendem Datenvolumen."

Jutta Zeisset: „Ein Bild sagt mehr als tausend Worte – dies lebt Instagram ganz aktiv. Mit Alltagsbildern, Fotografien oder Videos kann ich meine Follower begeistern."

Thomas Fabry: „Mit den täglichen Storys halte ich meine Follower über meinen Arbeitsalltag auf dem Laufenden. Es entsteht eine echte Bindung mit dem Zuschauer und das Verständnis für meine Arbeit wächst mit jedem Blick in die Story."

Aus der Praxis

Annika Beckmann, Unternehmerin und Betreiberin von Hofladenliebe, hat sich durch andere User und Bilder inspirieren lassen, Instagram auch beruflich zu nutzen. Für Beckmann ist Instagram in erster Linie interessant, um sich mit anderen Hofläden sowie potenziellen Kunden aus ganz Deutschland zu vernetzen. Sie nutzt die Plattform auch, um selbst nach Inspirationen für neue Produkte oder ansprechende Präsentationen Ausschau zu halten. Die Unternehmerin schätzt an der App das intuitive Erlernen sowie die schnelle und einfache Möglichkeit, Followern visuelle und authentische Einblicke in ihre Arbeit zu geben. Mit ihrer Instagram-Seite konnte sie auf diese Weise auch schon Neukunden gewinnen. Die Statistiken, die Instagram jedem Unternehmens-Account zur Verfügung stellt, nutzt Beckmann, um Bilanz zu ziehen: Welche Beiträge waren erfolgreich oder was sollte man in Zukunft besser lassen?

Für Beckmann sind auch die Instagram-Storys interessant, da man dabei keine langen, aufwendigen Texte schreiben muss, um Wirkung zu erzielen. Außerdem kann sie bei den Storys kreativ werden. Beckmann unterstreicht: „So kann ich eine Geschichte mit Bildern und Videos erzeugen und eine Message noch viel schöner verpacken als über einen einzelnen Post." Annika Beckmann investiert dafür täglich ca. 15–20 Minuten.

Instagram-Basics

Privat- oder Business-Seite?

Bei Instagram gibt es wie bei Facebook die Unterscheidung zwischen einem privaten und einem Business-Profil – wobei man bei einem privaten Profil auch nur bestätigten Profilen den Zugriff auf seine Bilder gewähren kann. Für ein landwirtschaftliches Unternehmen, einen Hof oder eine sonstige Dienstleistung ist es sinnvoll, das Profil in die Business-Variante umzuwandeln.

Instagram lässt sich in den Einstellungen bei Facebook unter dem Unterpunkt Instagram verwalten. Instagram beginnt man immer mit einem privaten Profil, erst danach lässt sich dieses in ein Business-Profil umwandeln.

Ohne Facebook kein Business-Profil

Eine Business-Seite kann jedoch nur in Verbindung mit einer Facebook-Seite erstellt werden. Hier wird die enge Zusammenarbeit von Facebook und Instagram einmal mehr sichtbar.

Registrierung

Empfehlung: Melden Sie sich mit Ihrer E-Mail-Adresse an. Bei der Registrierung können Sie die Telefonnummer oder die E-Mail-Adresse verwenden. Sie können Ihren Namen oder den Ihres Betriebes nehmen. Der Nutzername ist die Instagram-Adresse.

Beispiel: http://instagram.com/zeisset_weisweil
Wählen Sie den Nutzernamen kurz, prägnant und vor allem passend zu Ihrem Betrieb.

Beispiel: Ellas Hühnerhof wählt den Nutzernamen: huehnerhof.
Wenn der Name noch nicht vergeben ist, erscheint ein grüner Haken, und Sie können ihn bestätigen. Anders als bei Facebook ist der Nutzername bei Instagram wieder änderbar.
Ihr Profil ist nun eingerichtet und über die Einstellungen (Zahnrad) können Sie es entsprechend Ihrer Interessen und Anforderungen anpassen, zum Beispiel Name, Nutzername, Webseite, Biografie, E-Mail-Adresse, Telefonnummer und Geschlecht. Pflicht sind Name, Nutzername, E-Mail-Adresse oder Telefonnummer.

Bei Instagram haben Sie Abonnenten und Sie selbst wiederum abonnieren die Seiten anderer. Ist ein Profil auf „privat“ gestellt, muss der Inhaber Sie zunächst bestätigen. Erst dann können Sie diesem Profil folgen und dessen Bilder/Postings sehen.

Tipp

Mit einem Doppelklick auf ein Bild „liken“ Sie dieses.

Tipp

Wenn Sie Fragen zu Instagram haben, können Sie die Hilfe-Seite aufrufen unter: https://help.instagram.com

Instagram-Optionen

Überblick

Einladen der Facebook-Freunde

Sie können, sofern Sie ein Facebook-Profil haben, Ihre Freunde dazu einladen, Instagram zu installieren.

Tipp

Diese Einladung empfinden viele als SPAM und eher nervig – daher rate ich davon ab. Erzählen Sie Ihren Freunden in einem persönlichen Gespräch von Instagram und begeistern Sie sie eher auf diesem Wege.

Personen folgen

Facebook-Freunde Wenn Sie Ihren Instagram-Account mit Facebook verbinden, können Sie herausfinden, welche Ihrer Facebook-Freunde bei Instagram sind. Ihre Facebook-Freunde erhalten eine Push-Benachrichtigung, dass Sie sich jetzt bei Instagram angemeldet haben. So können Sie relativ schnell auf Ihr Profil aufmerksam machen.
Ist der Account verbunden, können Sie sehr einfach Ihren Facebook-Freunden folgen, indem Sie die blauen „Folgen“-Buttons klicken, die rechts neben dem Namen der Freunde stehen. Es gibt auch die Möglichkeit, einfach allen zu folgen. Ich empfehle Ihnen aber, zu selektieren und zu überlegen, welche Inhalte für Sie relevant sind.

Kontakte Analog zur Facebook-Seite können Sie Ihr Telefonbuch mit Ihrem Instagram-Account verbinden.

Konto

Fotos von dir Bei dieser Option lässt sich einstellen, ob die Bilder, in denen Sie markiert wurden, in Ihrem Foto-Ordner erscheinen sollen. Es empfiehlt sich, dies auf „Manuell“ umzustellen: So haben Sie die Kontrolle, wer Sie verlinkt und welche Fotos Ihrem Profil zugeordnet werden.
Beim Feld „Fotos verbergen“ können Sie auch im Nachhinein Fotos ausblenden, die Sie nicht in Ihrem Account haben möchten. Diese Funktion ist nur zu sehen, wenn bereits Fotos bei „Fotos von dir“ in Ihrem Account enthalten sind.

Story-Einstellungen

Story verbergen Sie können Ihre Storys und Live-Videos vor bestimmten Usern verbergen. Haben Sie Personen dementsprechend markiert, sehen diese keine Storys oder Videos, die Sie in Ihrem Account erstellen. Gerade bei sehr persönlichen Storys empfiehlt es sich, diesen Kanal so einzustellen, dass er nur von zugelassenen Personen genutzt werden kann.

Nachrichten als Antworten zulassen Das Zulassen von Nachrichten als Antworten bei Storys können Sie ebenfalls begrenzen. Die drei Möglichkeiten sind: „Alle", „Personen, denen du folgst" und „Aus".

Geteilte Fotos speichern Wenn Sie die geteilten Videos und Fotos, die Sie in Storys erstellen, speichern wollen, ändern Sie die Funktion auf Blau um. Ab diesem Moment werden Ihre Kurzvideos und alle Fotos in Ihrer Foto-Mediathek des Smartphones gespeichert.

Profil bearbeiten Hinter diesem Feld verstecken sich die Angaben, die Sie in Ihrer Startansicht sehen – die öffentlichen Informationen zu Ihrem Profil. Ihr Name sowie Ihr Nutzername sind bei Instagram sehr einfach und jederzeit änderbar.

Verfügen Sie über eine Webseite, dann setzen Sie sie ein. Bei Instagram funktionieren leider keine Links im Posting, daher empfiehlt es sich, Ihre Webseite an dieser Stelle einzustellen.
Im Bereich „Biografie" haben Sie eine weitere Möglichkeit, Ihren Betrieb, Ihre Dienstleistung oder andere Links, wie zum Beispiel YouTube-Kanal, Facebook-Seite oder dergleichen, zu verlinken. Sie können ebenfalls private Informationen einfügen, die für Ihre Follower nicht sichtbar sind: E-Mail-Adresse, Handynummer und Ihr Geschlecht.

Passwort ändern Sie können an dieser Stelle Ihr Passwort ändern. Dies sollten Sie in regelmäßigen Abständen tun, um Missbrauch vorzubeugen.

Beiträge, die dir gefallen Sie finden hier eine Übersicht aller Bilder, die Sie mit einem Herz versehen (= geliked) haben.

Zweistufige Authentifizierung Ist Ihnen Sicherheit sehr wichtig, dann können Sie sich hier das zweistufige Zugangsverfahren einrichten. Ihr Profil wird dann nur mit einem Sicherheitscode angemeldet.

Blockierte Personen Eine Blockierung können Sie wie folgt einrichten oder aufheben:

- Tippen Sie auf den Nutzernamen, um zum jeweiligen Profil zu navigieren.
- Tippen Sie oben rechts auf iPhone/iPad oder Android.
- Tippen Sie auf „Blockieren".

Um die Blockierung für eine Person aufzuheben, führen Sie die oben beschriebenen beiden ersten Schritte aus und klicken dann auf „Blockierung aufheben". Nutzer werden nicht benachrichtigt, wenn Sie sie blockieren. Im Bereich „Blockierte Personen" bekommen Sie eine Übersicht der von Ihnen gesperrten Personen.

In Business-Profil umwandeln Hier können Sie aus einem privaten Profil ein Business-Profil mit zusätzlichen Funktionen erstellen.

- Nachricht: Es besteht die Möglichkeit, dem Unternehmen eine Nachricht zu schicken. Diese Funktion lässt sich wie bei Facebook gut nachvollziehen. Auch eine Instagram-Nachricht sollte man wie eine E-Mail behandeln, auf die man zügig reagiert.
- Anrufen, E-Mail-Adresse, Wegbeschreibung: Haben Sie diese Angaben ausgefüllt, können Sie Ihre Kunden bzw. Interessenten direkt kontaktieren oder per Google Maps finden.

Weitere Unterschiede finden Sie in der Beschreibung zum Business-Profil.

Privates Konto Wenn Sie ein privates Konto haben, können nur die von Ihnen bestätigten Personen Ihre Fotos und Videos auf Instagram sehen. Sollten Sie dieses nachträglich aktivieren, bleiben Ihre bestehenden Abonnenten unverändert.

■ Einstellungen

Verknüpfte Konten Sie können Ihre anderen Social-Media-Konten mit Ihrem Instagram-Account verknüpfen.

Kontakte Hier wünscht sich Instagram, dass Sie Ihr Telefonbuch verknüpfen, um die Kontakte regelmäßig zu synchronisieren und auf den Servern zu speichern. Die Verbindung können Sie jederzeit wieder unterbrechen.

> **Tipp**
>
> Diese Funktion sollten Sie nicht aktivieren! Ihre Kontakte sind privat und gehören nicht auf Instagram.

Sprache Sie können die Sprache wechseln.

Einstellungen für Push-Benachrichtigungen Wenn Sie sich von den Meldungen auf Ihrem Handy oder per E-Mail gestört fühlen, dann können Sie die verschiedenen Benachrichtigungen an- oder ausstellen.

Nutzung des mobilen Datennetzes Es ist möglich, einen geringeren Datenverbrauch einzustellen. Dabei sollten Sie jedoch beachten, dass dies die Ladezeit von Fotos und Videos beeinflussen kann.

Kommentare Sie können unangemessene Kommentare automatisch verbergen. Geben Sie hier Worte ein, die Sie nicht in Ihrem Profil sehen möchten. Alle Kommentare, die eines der eingesetzten Keywords verwenden, werden automatisch nicht angezeigt.

Originalfotos speichern Hier können Sie Ihre Originalfotos speichern.

Hilfebereich Instagram hat einen eigenen Hilfebereich/Support. Hier bekommen Sie sehr viele Antworten rund um Ihr Konto.

Instagram-Werbeanzeigen Sie sehen hier eine Übersicht, wie Instagram seine Werbeanzeigen einsetzt.

Blog Instagram bietet in seinem englischsprachigen Blog aktuelle News. Nutzen Sie diese Informationsquelle ruhig einmal.

Datenrichtlinie, Nutzungsbedingungen und Open-Source-Bibliotheken Wenn Sie einmal ganz viel Zeit und Interesse haben, können Sie diese Informationen durchlesen (Ihre Zustimmung haben Sie bereits erteilt).

Suchverlauf löschen Instagram speichert Ihren Suchverlauf automatisch. Wollen Sie diesen löschen, klicken Sie auf den entsprechenden Reiter. Beachten Sie, dass Sie dies regelmäßig wiederholen müssen (sofern gewünscht).

Konto hinzufügen Zurzeit können Sie bis zu fünf Profile in einem verwalten und innerhalb der App zwischen den Profilen wechseln. Klicken Sie hier auf „Konto hinzufügen" und melden Sie sich anschließend mit Ihren Zugangsdaten an. Nun können Sie innerhalb der App gleich mehrere Profile verwalten.

Es ist zu empfehlen, sich nicht nach jeder Nutzung abzumelden – es sei denn, Sie wollen jedes Mal Ihre Nutzerdaten eingeben.

Abmelden Sie können sich hier ausloggen.

Instagram-Frontansicht

Was bedeuten die Symbole, auch Icons genannt, die man in der unteren Leiste sieht?

Haus Beim Klick auf dieses Symbol kommen Sie automatisch in Ihren Instagram-Stream – den Bereich, in dem Sie sehen, was die Personen posten, denen Sie folgen. Zusätzlich sehen Sie im oberen Sektor die Storys, denen Sie folgen.

Lupe Die Lupe steht für die Suche auf Instagram.

Pluszeichen Das ist der Startknopf für das Erstellen eines Postings bei Instagram. Klicken Sie dort, öffnet sich automatisch Ihre Bibliothek mit den Bildern/Videos auf Ihrem Smartphone oder Tablet. Wählen Sie dann eines oder – mit der Mehrfachauswahl – mehrere aus.

Herz Wenn Sie sehen wollen, wer Ihre Beiträge geliked oder kommentiert hat, klicken Sie auf das Herz – hier sehen Sie die Benachrichtigungen von Personen, die Sie abonniert haben. In den Meldungen sehen Sie ebenfalls, wenn Sie neue Follower haben und können ihnen auch folgen.
In der Auswahl sehen Sie neben „Du" auch das „Abonniert". Wählen Sie diesen Bereich aus, dann sehen Sie, was den Personen gefällt, die Sie abonniert haben.

Profilbild Beim Klick auf Ihr Profilbild gelangen Sie auf Ihr eigenes Profil und können Ihre Beiträge sehen. Außerdem können Sie hier Ihr Profil und dessen Einstellungen bearbeiten.

Kamera Beim Klick auf die Kamera links oben können Sie ein Bild, Boomerang-Clip oder Video in Ihre Story posten.

Flieger Ihre persönlichen Nachrichten verbergen sich hinter dem Flugzeug oben rechts.

Storys Beim Klick auf das Profilbild im Bereich „Storys" öffnet sich die Story des jeweiligen Profils automatisch. Werfen Sie hier einmel einen Blick hinein, es ist spannend, was andere Menschen mit Ihnen teilen.

Fragen und Antworten zu Instagram

■ Wie folge ich jemandem?
Suchen Sie mit der Lupe nach der Person, der Sie folgen wollen – ist die Suche erfolgreich und die Person hat ein Instagram-Profil, können Sie diese auswählen und auf den blauen Button „Folgen" klicken – ab sofort folgen Sie diesem Profil.

■ Wie folge ich jemandem nicht mehr?
Wollen Sie einer Person nicht mehr folgen, dann suchen Sie diese mit der Lupe und klicken dann auf das Feld mit dem Männchen-Icon und Haken – es erscheint die Auswahl: „Nicht mehr folgen".

■ Habe ich bei Instagram auch Freunde?
Bei Instagram nennt man Freunde Follower bzw. Abonnenten – Sie folgen anderen Usern und sind damit selbst ein Follower.

Posten auf Instagram

Klicken Sie auf das Plus in der unteren Leiste, dann öffnet sich automatisch Ihre Bibliothek mit den Bildern/Videos auf Ihrem Smartphone oder Tablet. Wählen Sie eines oder – mit der Mehrfachauswahl – mehrere aus. Anschließend geben Sie in das Textfeld eine passende und prägnante Beschreibung ein. Sie sollten dabei einige Wörter mit einem Hashtag versehen oder ein paar davon im Anschluss des Textes setzen. Optional können Sie den Ort angeben, an dem Sie sich befinden. Diese Funktion ist nur dann auffindbar, wenn dieser Ort angelegt ist. Alternativ können Sie nach der Stadt oder der Ortschaft suchen, in der Sie sich befinden.

Tipp
Unter „Erweiterte Einstellungen" können Sie für einzelne Postings die Kommentarfunktion deaktivieren.

Wollen Sie das Posting ebenfalls in anderen Netzwerken gleichzeitig veröffentlichen, dann markieren Sie hier die gewünschten Kanäle. Es erscheint dann mit einem Link zu Instagram und wird nicht als normales Posting erstellt.
Ist dies alles gemacht, können Sie oben rechts auf „Teilen" klicken und Ihr Foto oder Video ist auf Instagram oder den zuvor gewählten Netzwerken gepostet.

Business-Profil

Für ein Unternehmen empfiehlt es sich, das private Profil in ein Business-Profil umzuwandeln. Dazu benötigen Sie allerdings einen privaten Account. Sie können das Profil mit der Facebook-Seite Ihres Unternehmens verbinden. Den Reiter hierfür finden Sie in Ihrem Profil bei den Einstellungen im unteren Bereich. Beim Klick auf „In Business-Profil umwandeln" öffnen sich automatisch die Instagram-Business-Tools. Um ein Profil umzuwandeln, ist eine Facebook-Seite als Basis zwingend nötig.

■ Welche Vorteile bringt ein Business-Profil?

Mit einem Business-Profil können Ihre Follower direkt eine E-Mail senden, Sie anrufen und die Wegbeschreibung zu Ihnen finden. All dies geht mit einem Klick im Profil. Zusätzlich bekommen Sie Statistiken zu den Klicks und Impressionen Ihres Profils. Analog zu Facebook können Sie dann die Interaktion Ihrer Follower beobachten und sehen, welche Bilder mehr oder weniger Reichweite haben. Für jedes Bild sehen Sie die Impressionen, Reichweite und Interaktion in einer attraktiven Übersicht – ein guter Grund dafür, Ihr Profil in ein Business-Profil umzuwandeln.

■ Warum soll man bei Instagram Hashtags (#) verwenden?

Wie Twitter hat auch Instagram mithilfe von Hashtags eine ausgefeilte Suchfunktion. Verwenden Sie diese, bekommen Ihre geposteten Bilder

eine höhere Reichweite. Zusätzlich können Sie Menschen erreichen, die genau dieses Hashtag suchen und Ihren Betrieb dann evtl. zum ersten Mal entdecken. Gibt es ein prominentes Hashtag, können Sie es ebenfalls verwenden.
Es gibt Hashtags, die sich auf bestimmte Themen beziehen, aber auch solche, die auf ein Ereignis oder einen Wochentag zielen. Beispiel: #saturdaynight – solche Hashtags verwendet man dann nur zu diesen Zeitpunkten. Andere lassen sich öfter oder sogar immer einsetzen, zum Beispiel #landwirtschaft.
Um ein Hashtag gut einzusetzen, können Sie vorher selbst danach suchen und sehen, wie häufig es verwendet wird. Wird es sehr oft genutzt, müssen Sie bedenken, dass Ihr Bild in den Suchergebnissen sehr schnell nach hinten fällt. Es empfiehlt sich daher, weitere verwandte Hashtags zu verwenden, um in den Suchergebnissen möglichst weit oben aufzutauchen.

Verwenden Sie ruhig mehrere Hashtags auf einmal.

Interview mit Julia Nissen

Julia Nissen ist Bloggerin, LandFrau, Netzwerkerin, Mutter und Initiatorin zahlreicher Projekte. Julia Nissen ist zu finden auf: https://deichdeern.com

Was hat Sie dazu bewegt, Instagram zu nutzen?

Julia Nissen: „Instagram erreicht noch einmal völlig neue Zielgruppen. Das Bild steht im Vordergrund und die User haben ein Auge für Ästhetik. Genau wie ich. Ich fühlte mich von Anfang an sehr wohl."

Nutzen Sie Instagram-Storys, wenn ja warum?

Julia Nissen: „Ja, fast täglich sogar. Mir gefällt die Interaktion. Menschen schreiben mir zu den jeweiligen Filmsequenzen ihre Meinung oder geben mir einen Tipp, wenn ich darum bitte. Ich mag das sehr."

Was war Ihr persönliches Highlight mit Instagram?

Julia Nissen: „Ich habe mehrere Pressekontakte über Instagram bekommen. Die Redakteure sehen meine Storys und melden sich bei mir. Mein Highlight war vor Kurzem der #FreitagopPlatt. Ich habe den ganzen Tag plattdeutsch gesprochen und gekocht. Mein Nachrichtenfach ist übergelaufen und sogar das Radio hat bei mir angerufen."

Wie viel Zeit beansprucht Instagram pro Tag?

Julia Nissen: „Ich würde jetzt gerne sagen 15 Minuten. Aber würde ich in die Auswertung schauen, sind es vermutlich eher 80 Minuten."

Posten Sie alleine oder im Team?

Julia Nissen: „Ich poste alleine. Es geht um mein Leben zwischen Kind, Küche und Kuhstall."

Julia Nissen ist mit ihrem Blog „deichdeern" sehr erfolgreich. Quelle: Anna Huber

Warum sollten andere auch Instagram nutzen?

Julia Nissen: „Instagram bietet eine Riesenchance. Bei unserem beruflichen Account @modernelandwirtschaft geben wir im wöchentlichen Wechsel die Zugangsdaten an moderne Landwirte weiter. Sie nehmen dann via Instagram-Story den Zuschauer mit in den Stall, auf den Drescher, an den Küchentisch, in die Maschinenhalle, auf den Acker usw. Moderne Landwirtschaft ist bunt und vielfältig. Das wollen wir mit den Instagram-Storys zeigen. Es wird sehr gut angenommen."

Interview mit Annika Ahlers

Annika Ahlers ist Landwirtin und als „Erklärbäuerin“ (erklaer_bauer), auf Facebook und Instagram unterwegs. Sie beschreibt ihren Arbeitsalltag und betreibt aktive Öffentlichkeitsarbeit für die Landwirtschaft.

Warum nutzen Sie Instagram?

Annika Ahlers: „Die Reichweite des Netzwerkes hat mich überzeugt, meine Seite dort zu gründen. Ich kann kurz und knapp Eindrücke aus dem Alltag der Landwirtschaft zeigen – es sind keine verschönten Fotos, sondern ehrliche und authentische Eindrücke. Vorher habe ich selbst nur als Follower Instagram besucht und war immer fasziniert, wie weit manche Seiten vernetzt sind. Da dachte ich dann, das ist für mich ideal, um der Welt zu zeigen, wie die Landwirtschaft funktioniert. Ich möchte gerne mitteilen, wie wichtig die Landwirtschaft ist, und mehr Akzeptanz bzw. Wertschätzung der Lebensmittel erreichen.“

Nutzen Sie Instagram-Storys, wenn ja warum?

Annika Ahlers: „Ja, ich nutze sie. Vor allem in Momenten, in denen ich denke, da muss man live dabei sein, zum Beispiel morgens im Kälberstall. Damit wird klar, dass das, was ich zeige, Realität ist und für

Die aktive Landwirtin Annika Ahlers berichtet sehr ansprechend aus dem Kuhstall und von ihrem Alltag.
Quelle: Anna Huber

Transparenz steht. In den Storys kann ich meine Leidenschaft besser vermitteln und vielleicht andere damit anstecken."

Was war Ihr persönliches Highlight mit Instagram?
Annika Ahlers: „Ganz klar der Austausch. Durch das immer weitere Vernetzen der Posts haben sich so wertvolle Gespräche ergeben. Ich durfte Diskussionen führen und konnte oftmals einen Aha-Effekt erzielen, da ich falsche Bilder und Unwissenheit widerlegen konnte durch das Erleben der Landwirtschaft in täglichen Bildern, Videos und Storys. Das erweitert den Horizont ungemein und ich konnte bis jetzt nur dazulernen. Besonders interessant ist der Austausch mit Landwirten aus anderen Ländern und Kulturen."

Wie viel Zeit beansprucht Instagram pro Tag?
Annika Ahlers: „Am Tag sind es zusammengefasst bestimmt zwei bis vier Stunden."

Posten Sie alleine oder im Team?
Annika Ahlers: „Ich poste alleine."

Warum sollten andere Unternehmer auch Instagram nutzen?
Annika Ahlers: „Um sich zu vernetzen, wertvolle Kritik zu erfahren und auch Lob zu bekommen. Das ist ein echter Mehrwert für jedes Unternehmen und gleichzeitig auch eine Riesenchance für die Netzwerknutzer, Einblicke, Tipps und Tricks zu erhalten – alle erweitern ihr Blickfeld."

PINTEREST

Pinterest

Jutta Zeisset

■ **Wodurch zeichnet sich Pinterest aus Sicht der Buchautoren aus?**

Thomas Fabry und Jutta Zeisset: „Pinterest ist meine Inspirationsquelle."

Thomas Fabry: „Pinterest bedeutet für mich, die Möbel nachzubauen, die meine Freundin entdeckt und unbedingt in unserer Wohnung haben möchte."

Jutta Zeisset: „Pinterest ist Social Media für weibliche Nutzer und alle, die das Schöne lieben."

Jutta Zeisset: „Gerade bei Frauen ist Pinterest sehr beliebt. Sie verlieren sich in der Schönheit der Dekoideen und tauchen in die Welt der Bilder ab. Eine erfrischende Möglichkeit, dem Alltag zu entfliehen."

Thomas Fabry: „Pinterest kann man am Desktop sowie am Smartphone oder Tablet nutzen. Machen Sie von dieser tollen Plattform Gebrauch und zeigen Sie Ihre Produkte, Ihr selbst Hergestelltes, Ihre tolle Idee und begeistern Sie potenzielle Kunden."

Jutta Zeisset ist mit ihrem Unternehmen auf Pinterest aktiv. Quelle: Anna Huber

Jutta Zeisset: „Pinterest zeichnet sich durch visuelle Anregungen in verschiedensten Bereichen aus. Sie finden dort eine Vielzahl an Ideen, Inspirationen und Innovationen."

Thomas Fabry: „Pinterest teilt sich in Pins und Pinnwände auf. Sie können einzelne Pinnwände erstellen und diese dann mit Bildern oder Videos, die bei Pinterest Pins heißen, füllen."

Jutta Zeisset: „Es ist wirklich ansteckend und zieht in seinen Bann. Lassen Sie sich darauf ein."

Fragen und Antworten zu Pinterest

■ Was sind Pins?

Fotos und Videos werden bei Pinterest Pins genannt.

■ Warum hat Pinterest Pinnwände?

Bei den Pinnwänden handelt es sich um eine Sammlung von Bildern oder Videos. Man kann sie öffentlich oder geheim verwalten.

■ Habe ich bei Pinterest auch einen Stream?

Auch bei Pinterest sehen Sie eine Übersicht der Dinge, die den Personen, denen Sie folgen, gefallen oder die sie „repinnen". Sie erhalten so eine Liste Ihrer abonnierten Pinnwände.

■ Welche Zielgruppe hat Pinterest?

80 % der Pinterest-User sind weiblich und 20–60 Jahre alt.

■ Für welche Branche ist Pinterest ideal?

Dieses Portal ist für alle ideal, die sich gerne mit Interior, Design und zum Beispiel Hochzeitsorganisation beschäftigen, aber auch für diejenigen, die das Schöne lieben.

Pinterest-Basics

■ Anmelden

Für die Nutzung von Pinterest ist eine Registrierung erforderlich: Es besteht die Möglichkeit, sich mit Facebook anzumelden oder mit einer E-Mail-Adresse und Passwort.
Bei der Anmeldung können Sie wählen, ob Sie ein Unternehmensprofil oder ein privates Profil erstellen möchten. Beim Klick auf „Als Unternehmen fortfahren" werden Sie auf eine neue Seite geleitet und können dann Ihre Angaben einfügen.

- **Kategorie auswählen**
Wählen Sie hier die für Sie zutreffende Kategorie aus und geben Sie alle Ihre Daten in die dafür vorgesehenen Felder ein. Folgen Sie den Aufforderungen und wählen Sie drei erste Kategorien aus, die Ihrem Unternehmen ähnlich sind oder Ihren Interessen entsprechen. Anschließend sehen Sie Pins aus den von Ihnen gewählten Kategorien. Diese können Sie selbstverständlich erweitern bzw. ergänzen.

- **Pinterest-Browserbutton**
Das Erstellen des Pinterest-Browserbuttons können Sie aktivieren oder überspringen. Dieser Button erlaubt es Ihnen, auf Webseiten Bilder direkt in Ihren Pinterest-Account zu pinnen.

- **Suchfunktion**
In der Suchleiste können Sie nach Belieben suchen. Geben Sie hier zum Beispiel das Wort Rezept ein, so erscheinen sehr viele Rezepte, die Sie an Ihre Follower weitergeben können.

- **Pin weiter pinnen**
Hierfür fahren Sie mit der Maus über ein Bild. Es erscheint der Button „Merken“. Wenn Sie auf diesen klicken, erscheint die Aufforderung: „Pinnwand erstellen“.

- **Pinnwand erstellen**
Benennen Sie Ihre Pinnwand entsprechend dem Oberthema der Pins, die auf dieser Pinnwand festgehalten werden sollen.
Bleiben wir beim Beispiel Rezepte, so wäre dies die Pinnwand Rezepte oder sogar die Pinnwand Suppenrezepte. Geben Sie diesen Namen ein und klicken auf „Erstellen“. Sie haben nun Ihre erste Pinnwand und den ersten Pin gepinnt – Glückwunsch!

Wichtigste Funktionen

Zu den wichtigsten Pinterest-Funktionen gehören folgende:

- **Entdecker-Feed**
Neben dem Suchfeld ist ein kleiner Kompass – hinter diesem verbirgt sich der Entdecker-Feed. Lassen Sie sich dort von Pinterest durch schöne und spannende Dinge inspirieren. Die verschiedenen Kategorien verraten Ihnen die Oberthemen der Pins, die sich dahinter verbergen.

- **Menü**
Rechts vom Kompass befindet sich ein rotes Plus – beim Mouseover (das Überstreichen eines Bereiches mit der Maus) öffnet sich ein Dropdownmenü und verrät, was sich dahinter verbirgt: Sie können eigene Bilder hochladen oder von einer Webseite speichern.

■ **Bild hochladen**
Beim Klick auf „Bild hochladen" öffnet sich ein Fenster: klicken Sie auf den Bereich „image.jpg", wählen Sie das gewünschte Bild auf Ihrem PC aus und laden Sie es hoch.

■ **Bild von einer Webseite speichern**
Beim Klick auf „Über Webseite speichern" öffnet sich ebenfalls ein Fenster und Sie können eine URL/Internetadresse eingeben. Nach der Eingabe klicken Sie auf „Weiter". Es öffnet sich eine neue Seite mit allen auf der Webseite verfügbaren Fotos. Diese können Sie bei einem Mouseover mit Klick auf den Button „Merken" auf Ihrem Pinterest-Profil als Pin speichern.

■ **Nachrichten**
Bei der grau eingefärbten Sprechblase finden Sie die Meldungen, die mit Ihren Pins zu tun haben, sowie Ihr Postfach für private Nachrichten.

■ **Profilinformationen**
Neben der Sprechblase finden Sie Ihre Profilinformationen. Mit einem Mouseover über diesen Button gelangen Sie zu Ihrem Profil, den Einstellungen, zur Hilfe oder Sie können sich abmelden.

Profil Beim Klick auf „Mein Profil" sehen Sie Ihr Profil, Ihre Pinnwände und Pins.

Einstellungen Hier lassen sich grundlegende Änderungen an Ihren Profildaten vornehmen: Profilbild anlegen, Nutzernamen ändern, Benachrichtigungen ändern, wählen oder abwählen. Es empfiehlt sich, E-Mail-Benachrichtigungen abzubestellen – diese können sehr schnell Ihr Postfach füllen. Wählen Sie im linken Menü den Bereich aus, den Sie zuerst ändern möchten.

■ **Pinterest Analytics**
Hierfür verwenden Sie die Anmeldedaten Ihres Pinterest-Profils. Sie sehen hier die verschiedenen Statistiken Ihrer einzelnen Pins. Schauen Sie genau hin, was bei Ihrer Zielgruppe angesagt ist und auf welche Pins sie reagiert.
Es ist interessant zu beobachten, welche Auswirkungen die Bilder haben und welche individuellen Reaktionen zu sehen sind.

■ **Profil**
Hier können Sie Ihren Unternehmensnamen einfügen oder ändern. Wählen Sie Ihre korrekte Unternehmensbezeichnung, damit Ihre Kunden Sie auch gleich finden können. Wählen Sie als Bild Ihr Logo oder ein aussagekräftiges Foto Ihres Betriebes aus.

■ Kurzinfo

Dafür haben Sie 160 Zeichen zur Verfügung. Beschreiben Sie hier in knappen Sätzen, was Ihr Unternehmen ausmacht.

■ Impressum

Im Impressum geben Sie den Link zum Impressum Ihrer Webseite ein. Sollten Sie keine Webseite haben, dann fügen Sie hier wenigstens folgenden Satz ein:
„Angaben gemäß § 5 TMG: Verantwortlich für den Inhalt: Ihr Name“

■ Ortsangabe

Ergänzen Sie Ihren Ort in der dafür vorgesehenen Leiste.

■ Webseite

Im Bereich „Webseite“ können Sie die URL zu Ihrer Webseite eingeben. Wenn Sie diese verifizieren wollen, können Sie dies durch die Weitergabe Ihrer Daten an Ihren Webmaster veranlassen.

Tipp

Sortieren Sie Ihre Pinnwände, indem Sie diese per Drag-and-drop hin- und herschieben. Dabei können Sie alphabetisch, chronologisch oder nach einem anderen Kriterium vorgehen. So können Sie Ihre Favoriten ganz oben oder eben in einer bestimmten Reihenfolge anzeigen lassen. Machen Sie Gebrauch von dieser Funktion, die Ihnen die Verwaltung Ihrer Pinnwände erleichtert.

■ Pinterest-Special – die Bildersuche-Lupe auf jedem Bild

Wenn Sie auf Pinterest ein bestimmtes Element auf einem Bild entdecken, das Sie genauer ansehen wollen, und noch andere Bilder mit genau diesem Element sehen möchten, dann können Sie eine besondere Funktion wählen: Nehmen Sie die Lupe und schieben Sie diese auf das Element. Sofort erscheinen unterhalb Ihrer Suche alle Bilder, die dem Element ähnlich sind.

Interview mit Bettina Eder

Bettina Eder ist eine der drei Frauen von der „Hauswirtschafterei". Sie gestaltet als kreativer Kopf dieses Zusammenschlusses alle Kochbücher und erstellt die Grafiken hierfür. Sie weiß um die Bedeutung guter Bilder.

Manche Frauen verbringen viel Zeit mit Pinterest. Worin besteht die Faszination dieses Portals?
Bettina Eder: „Ich mag Pinterest, weil es schön aufgeräumt wirkt und klar strukturiert ist. Kurz und knapp – anders als Facebook, wo sich ständig im Layout oder den Funktionen etwas ändert. Hinter jedem Foto ist eine URL zu unserer Webseite hinterlegt. Schneller kann ich User nicht auf unser Portal bringen, um dort unsere Bücher zu kaufen. Außerdem sagen Bilder mehr als Worte, es kommt mir ebenfalls gelegen, dass ich nicht lange Posts schreiben muss."

Welche schöne Erfahrung haben Sie mit Pinterest gemacht?
Bettina Eder: „Die Aufnahme in einem Board, das mehrere Tausend Follower hat. Jeder Pin, den ich dort poste, geht sozusagen ‚einmal um die Welt'."

Welche Personen erreichen Sie über Pinterest?
Bettina Eder: „Zielgruppe ist eindeutig der deutschsprachige Raum und natürlich wesentlich mehr Frauen als Männer. Über Pinterest Analytics lässt sich schön erkennen, wer unser Board aufruft und welche Pins gut laufen oder auch nicht. Darauf kann man dann gut seine Pins abstimmen."

Wie viel Zeit verbringen Sie mit Pinterest?
Bettina Eder: „Wir posten nicht einfach nur Fotos, sondern haben uns ein grafisches Layout angelegt, sodass unsere Pins gleich einen optischen Wiedererkennungseffekt haben. Ich würde sagen pro Pin wende ich ca. 15 Minuten auf. Meistens fasse ich mehrere Pins zusammen. Gepinnt wird alle zwei Wochen, was eindeutig zu wenig ist!"

Würden Sie anderen empfehlen, auf Pinterest aktiv zu werden?
Bettina Eder: „Ja. Es ist simpel und geht schnell."

Nutzen Sie Pinterest mehr mit dem Smartphone oder am Desktop?
Bettina Eder: „Mehr am Desktop, aber das liegt daran, dass ich berufsbedingt bereits den ganzen Tag an meinem PC verbringe."

TWITTER

Twitter

Jutta Zeisset

■ **Welche Herausforderung sehen die Buchautoren in der Nutzung von Twitter?**

Thomas Fabry: „Die Zeichenbegrenzung macht Twitter einzigartig und besonders. Für den ein oder anderen ist dieser Dienst sogar gerade deshalb attraktiv oder eben nicht. Für mich ist es eine schöne Art, Nachrichten im Schnellüberblick zu sehen."

Jutta Zeisset: „Sich auf das Wesentliche zu beschränken, ist nicht immer leicht, deshalb sehe ich Twitter als Herausforderung."

Thomas Fabry: „Journalisten, Politiker und Verbandsfunktionäre – eigentlich Berufsgruppen, die sonst weniger mit Worten sparen – sind die aktivsten auf Twitter. Hier kann ich mit diesen auf Augenhöhe diskutieren."

Jutta Zeisset: „Twitter hat den Ruf, dass wir die Nachrichten aus der Welt dort am schnellsten erfahren – ist das so? Wir haben bei erfolgreichen Twitterern aus der Branche nachgefragt. Sie dürfen gespannt sein."

Thomas Fabry: „Ein Tweet ist nach 30 Minuten nicht mehr neu – das heißt, wir müssen relevante Inhalte tweeten, um auf Twitter wahrgenommen zu werden. Trotzdem zeigt meine Erfahrung, dass auch hier Kontinuität zum Erfolg führt. Bleiben Sie dran."

Jutta Zeisset hat auch bei Twitter mehr als zehn verschiedene Accounts.
Quelle: Anna Huber

Fragen und Antworten zu Twitter

■ Auf wenige Zeichen beschränken – wie geht das?

Diese Herausforderung ist gerade dann gegeben, wenn begrenzte Zeichen für eine Erklärung nicht ausreichen. Sie haben dann die Möglichkeit, weitere Tweets abzusetzen.

■ Warum twittern Journalisten und Politiker so gerne?

Twitter ist der schnellste Kanal, um sich über Nachrichten zu informieren. Gerade Politiker verwenden Twitter sehr gerne, um ihre persönliche Meinung unmittelbar in die Öffentlichkeit zu bringen. Journalisten bekommen so die neuesten Meldungen mit und können sie in ihren Berichten verarbeiten.

Einstellungen

Die Twitter-Einstellungen sind in der Desktopversion sehr viel ausführlicher dargestellt als in der Smartphone-App von Twitter.
Beim Klick auf Ihr Profillogo in der oberen Menüleiste bekommen Sie eine Auswahl verschiedener Menüpunkte. Klicken Sie hier zuerst auf „Einstellungen und Datenschutz“, um Ihre Twitter-Einstellungen auszuwählen. Auf der linken Seite befindet sich die Übersicht mit Menüpunkten.

Sie sollten die Twitter-Einstellungen immer an Ihrem PC vornehmen und nicht am mobilen Gerät.

Die wichtigsten Twitter-Einstellungen

■ Account

Klicken Sie auf „Einstellungen“ und dann auf „Account“. Hier können Sie grundsätzliche Dinge anpassen, zum Beispiel Ihre E-Mail-Adresse, den Nutzernamen oder die Sicherheitsoptionen.

■ Nutzername

Ebenfalls über den Button „Einstellungen“ gelangen Sie zum Nutzernamen. Bei Twitter können Sie diesen beliebig ändern. Es empfiehlt sich allerdings, dies nicht allzu oft zu tun. Es entsteht Verwirrung beim Follower, wenn sich der Name immer wieder ändert.

■ Datenschutz und Sicherheit

Twitter hat diese Bereiche sehr einfach und gut erklärt – machen Sie sich die Mühe und lesen Sie die Informationen einmal durch.

■ Fotomarkierungen

Nach Belieben können Sie hier auswählen, ob andere User Sie in Fotos markieren dürfen oder nicht.

■ E-Mail-Mitteilungen

Wollen Sie keine E-Mails empfangen, dann können Sie diese Funktion hier mit einem Klick deaktivieren.

Mitteilungen
Im Bereich „Mitteilungen" können Sie die Benachrichtigungen einstellen, die Sie auf Twitter bekommen. Passen Sie diese Auswahl individuell an.

Stumm geschaltete Wörter, Account und blockierte Accounts
Anders als bei Facebook können Sie hier Retweets oder Antworten nicht verhindern. Sie können sich aber Ihre Timeline zu der machen, die Sie sehen wollen. Passen Sie hier Ihren Account so an, dass Twitter für Sie Spaß macht. Eventuell gibt es Accounts, die Sie absolut nicht sehen wollen, dann können Sie diese zu den „Blockierten Accounts" hinzufügen.

Kategorisierung nach Themen, Branchen, Freunden

Listen anlegen
Bei Twitter können Sie sich Listen anlegen, die Ihren Interessen entsprechen. Dies können Sie auf zwei verschiedene Arten tun – öffentlich (jeder kann dieser Liste folgen) oder privat (nur Sie sehen diese Liste). Klicken Sie in der oberen Leiste auf Ihr Logo und wählen Sie den Bereich „Listen" aus. Am rechten Rand des Profils sehen Sie den Button „Neue Liste erstellen". Mit einem Klick darauf öffnet sich ein Fenster und Sie können Ihrer Liste einen eigenen Namen geben. Wählen Sie hierfür eine passende Bezeichnung, die zu den Profilen passt, die Sie der Liste hinzufügen wollen. Wählen Sie anschließend die Privatsphäre der Liste aus und klicken Sie auf „Liste speichern".
Sie können nun einzelne Profile zu Ihrer Liste hinzufügen, ohne dem Profil zu folgen.
In der Smartphone-App finden Sie die Listen auch sehr präsent auf der ersten Seite in Ihrem Profil. Mit einem Klick auf diesen Bereich haben Sie alle Tweets auf einen Blick.

Tipp

Über Listen können Sie zwar ausgewählten Themen folgen, müssen dafür jeweils aber nicht der Organisation oder dem Politiker folgen.

Twitter-Profil

Profil bearbeiten
Um Ihr Profil zu bearbeiten, wählen Sie nach dem Klick auf Ihr Logo in der oberen Leiste den Reiter „Profil" an. Über den Button „Profil bearbeiten" unterhalb des Headerbildes können Sie Änderungen vornehmen.

Tipp

Richten Sie Ihr Twitter-Profil am Desktop ein.

■ Headerbild und Profilfoto wählen

Das Headerbild und Profilfoto können Sie mit einem Klick auf den Schriftzug ändern. Hier gilt: Das Profilfoto ist das Logo Ihres Betriebes und das Headerbild ist ein aussagekräftiges Foto, das für Ihren Betrieb spricht.

■ Profil beschreiben

Im linken Bereich können Sie die Beschreibung Ihres Profils verändern. Verfassen Sie einen kurzen und prägnanten Text, der Sie und Ihren Betrieb beschreibt. Geben Sie Ihre Webseite an und zeigen Sie, wo sich Ihr Unternehmen befindet. Speichern Sie alle Änderungen zur Sicherung der Daten ab.

■ Statistiken einsehen

In der Leiste unterhalb des Headerbildes sehen Sie in einer Übersicht, wie viele Tweets Sie abgesetzt haben, wem Sie folgen, wer Ihre Follower sind und wie viel „Gefällt mir“ Sie schon bekommen haben. Außerdem sehen Sie Ihre Listen und die erstellten Momente. Diese konnen Sie anklicken und betrachten.

■ Aktivitäten nachvollziehen

Im rechten Bildrand sehen Sie Ihre Tweet-Aktivität – eine spannende Statistik, die Ihnen zeigt, wie Ihre Tweets ankamen. Je mehr Impressionen Ihre Tweets bekommen haben, desto höher war die Reichweite. Unterhalb dieser Information können Sie mit einem Klick Ihre Top Tweets anschauen. Mit einem Klick auf den Link „Top Tweets anzeigen“ gelangen Sie zu Twitter Analytics.

Twitter Analytics – das Wichtigste in Kürze

Mit Analytics bietet Twitter eine sehr anschauliche Übersicht über Ihren Twitter-Account. Auf der Startseite finden Sie die Top-Tweets, Top-Erwähnung, Top-Follower und Top-Medien-Tweet für den ausgewählten Monat. Im rechten Bereich ist auch eine Monatsübersicht aufbereitet, die Ihnen einen schnellen Überblick verschafft.

■ Tweets

Beim Klick auf den Menüpunkt „Tweets“ wird es richtig spannend. Sofort sehen Sie, welche Tweets mehr oder weniger Interaktionen und Impressionen erzeugt haben und wie hoch die Interaktionsrate ist. Hier zeigen sich mitunter große Unterschiede.

> Gestalten Sie auch Ihre Twitter-Aktivität spannend, aktuell und zielgruppenorientiert – das erhöht die Chance, dass Ihr Tweet eine hohe Interaktionsrate erzielt.

■ Zielgruppe

Ebenfalls sehr spannend ist der Bereich „Zielgruppe“ – hier erfahren Sie sehr viel über Ihre Follower oder die Personen, die Ihre Tweets gesehen haben. Top-Interesse, Demografie, Lifestyle, Mobileprofile etc. – all diese Statistiken stellt Twitter hier zur Verfügung. Machen Sie Gebrauch von dieser effektiven Möglichkeit, Ihre Follower näher kennenzulernen. Je mehr Sie über Ihre Follower wissen, desto interessanter können Sie Ihre Tweets für sie gestalten und umso erfolgreicher ist Ihr Twitter-Kanal.

- **URL-Shorter**
Sie können mithilfe von diversen Webanbietern (zum Beispiel bit.ly; goo.gl) Links verkürzt darstellen. Diese Anbieter ermöglichen es, lange Links in ganz kurze zu verwandeln. Das ist ideal für Twitter, wo man nur wenige Zeichen verwenden kann.

Interview mit Ariane Amstutz

Ariane Amstutz ist Pressesprecherin des Landesbauernverbandes Stuttgart und Twitter-Nutzerin (https://twitter.com/lokalmatadorin?lang=de).

Welches Ziel verfolgen Sie mit Ihrem Twitter-Kanal?

Ariane Amstutz: „In erster Linie möchten wir Journalisten über unsere Standpunkte informieren, auf die vielfältigen Themen in der Landwirtschaft aufmerksam machen und ein gewisses Grundrauschen pro Landwirtschaft erzeugen. Und ganz wichtig: Wir kommentieren aktuelle Themen aus unserer Sicht. Gerne bespielen wir die Hashtags des Tages mit geschickter Verbindung zu unseren Themen."

Ariane Amstutz ist leidenschaftliche Twitterin und berühmt als „Lokalmatadorin". Quelle: Anna Huber

Wie gelingt es Ihnen, Ihre Aussage immer wieder auf die bei Twitter vorgegebenen 140 Zeichen zu reduzieren?
Ariane Amstutz: „Übung macht den Meister. Wichtig ist die geschickte Kombination von Text und Bild. Als Redakteurin bin ich es gewohnt, mich kurzzuhalten."

Was ist für Sie ein erfolgreicher Twitter-Kanal?
Ariane Amstutz: „Ein erfolgreicher Kanal muss für mich aktuell, informativ und authentisch sein. Ich erwarte zudem schnelle Reaktionszeiten bei Antworten oder Tweet-Zitaten. Humor darf auch nicht fehlen. Und: Manchmal sagen Bilder mehr als 140 Zeichen."

Wie oft sollte man Ihrer Meinung nach tweeten?
Ariane Amstutz: „Mindestens einmal täglich, wenn es geht auch häufiger. Durch die Vielzahl an Tweets auf den Timelines der Nutzer dringt man schwieriger durch. Natürlich spielen auch die Hashtags eine Rolle."

Haben Sie bei Twitter schon einmal einen Shitstorm erlebt?
Ariane Amstutz: „Nein. Nur kleinere Pöbeleien von Tierrechtsaktivisten."

Wie viel Zeit benötigen Sie für Ihren Twitter-Account pro Tag?
Ariane Amstutz: „Im Schnitt sind es 30 Minuten am Tag, das kommt auf die Themenlage an. An Aktionstagen, bei Pressegesprächen und Veranstaltungen ist der Zeitaufwand höher, es lässt sich aber bei geschicktem Einsatz problemlos in den Arbeitsablauf integrieren."

Spüren Sie einen Effekt auf Ihr Unternehmen?
Ariane Amstutz: „Ja. Die Vernetzung innerhalb der Branche mit anderen aktiven Twitter-Nutzern ist ein Mehrwert für die tägliche Arbeit. Zudem sind immer mehr Medien und Journalisten auf dem sozialen Medium aktiv und nehmen uns wahr. Für mich eignet sich Twitter auch zur täglichen Medienbeobachtung. Ein netter Nebeneffekt: Ich selbst lerne viel von anderen aktiven Nutzern im Bereich Landwirtschaft."

Mit wem treten Sie bei Twitter in Kontakt?
Ariane Amstutz: „Journalisten, landwirtschaftlich interessierte Menschen, Landwirte und Menschen aus der Agrarwirtschaft."

Haben Sie einen Lieblings-Twitter-Kanal?
Ariane Amstutz: „Ja, mehrere: Wanderschäfer – @schafzwitschern, Deutscher Brauerbund – @germanbrewers, Sören Schewe – @Roterhai, LHV e. V. – @LHVOstfriesland, Landfrauenverband – @landfrauen und natürlich die Twitter-Kanäle der Autoren dieses Buches."

Interview mit Thomas Ostendorf

Thomas Ostendorf ist aktiver Landwirt und Twitterer. Er überzeugt durch seine Transparenz, Offenheit und Authentizität.

Welches Ziel verfolgen Sie mit Ihrem Twitter-Kanal?

Thomas Ostendorf: „Twitter ist ein weiterer Kanal, um mit Leuten außerhalb der Landwirtschaft ins Gespräch zu kommen. Ich bin mit Twitter in die Social Media gestartet – als Spätberufener, aber wenn du 4 Stunden neben @BauerHolti im Zug von Berlin nach Hause ins Münsterland sitzt, dann packt es dich."

Wie gelingt es Ihnen, Ihre Aussage immer wieder auf die bei Twitter vorgegebenen 140 Zeichen zu reduzieren?

Thomas Ostendorf: „Ja, das ist für einen wie mich, der viel und gerne redet, eine echte Herausforderung. Aber genau das macht den Reiz bei diesem ‚Mikroblogging' aus. Twitter wäre nicht dasselbe, wenn sie das ändern würden. Den Satzbau kann man da ziemlich vergessen. Aber dafür funktioniert die Hashtag-Suche super. Du kannst Tatort gucken, ohne ihn zu sehen – quasi im Twitter-Livestream."

Was ist für Sie ein erfolgreicher Twitter-Kanal?

Thomas Ostendorf: „Vielleicht ein vielfältiger und regelmäßiger, mit Informationen versorgter Kanal. Bilder, kurzer Text mit Hashtag – Twitter eben."

Wie oft sollte man Ihrer Meinung nach tweeten?

Thomas Ostendorf: „Hier sollte nach eigenem Empfinden getweetet werden. Alles kann, nichts muss! Ich schreibe auch nicht jeden Tag et-

Thomas Ostendorf hat nicht nur ein Einsichten-Fenster auf seinem Hof, sondern twittert live aus seinem Stall. Quelle: Anna Huber

was auf Twitter, aber ein Herzchen – das Like bei Twitter – oder einen Tweet retweeten, das tut ja auch nicht weh und ist besser als nichts. So rutscht der Tweet wenigstens in der Timeline wieder nach oben."

Haben Sie bei Twitter schon einmal einen Shitstorm erlebt?
Thomas Ostendorf: „Nein. Kann ich mir auch schlecht vorstellen. Das geht auf Facebook bestimmt besser. Das ist ein Grund, warum ich auch erst mit Twitter angefangen habe. Klar, der eine oder andere Politiker war davon schon einmel betroffen, aber der Hatespeech ist halt nach 140 Zeichen vorbei. Auch das Retweeten – also das Teilen bei Twitter –, finde ich, ist bei Twitter nicht so ausgeprägt. Twitter arbeitet an dieser Stelle nicht mit der Belohnung des wiederholten Heraufsetzens eines Tweets, der besonders viel Traffic generiert hat."

Wie viel Zeit benötigen Sie für Ihren Twitter-Account pro Tag?
Thomas Ostendorf: „Oh, das ist ganz unterschiedlich. Ich lasse mir grundsätzlich keine Mitteilungen meiner Accounts auf dem Desktop anzeigen. Ich entscheide, wann ich auf was reagiere. Das geht bei privaten Sachen. Bei Accounts, die einem Unternehmen dienen, glaube ich, ist das anders. Da erwarten die potenziellen Kunden eine schnelle Antwort. Es gibt für so etwas eine App, auf der man sehen kann, wie viel Zeit man online verbringt. Ich habe sie extra nicht."

Spüren Sie einen Effekt auf Ihr Unternehmen?
Thomas Ostendorf: „So generell nicht. Das Einzige, was sich unser Betrieb eingefangen hat, war vor ca. 3 Jahren einen Besuch von Foodwatch Deutschland. Die Organisation hatte ich auf Twitter nach einer längeren Diskussion eingeladen, weil da die 140 Zeichen einfach nicht mehr ausreichten. Außerdem hat uns Twitter im letzten Urlaub zu Kaffee und Kuchen bei einem Twitter-Kollegen verholfen. Dieser war unweit unseres Urlaubsortes mit Familie und Hausboot unterwegs und hatte meinen Urlaubs-Tweet gelesen."

Mit wem treten Sie bei Twitter in Kontakt?
Thomas Ostendorf: „Unter den seit Kurzem 1000 Followern sind – genau wie ich – jede Menge Leute, die nur mitlesen und die sich nicht zu jedem Tweet äußern. Das sollte man nicht unterschätzen! Auf Twitter tummeln sich viele Politiker, aber vor allem viele Journalisten auf der Suche nach Informationen, Leuten und Geschichten. Hier haben wir dann die Möglichkeit, unsere Sicht der Dinge, unsere Geschichte zu erzählen, sonst tun es andere, dann aber ganz bestimmt nicht in unserem Sinne."

Haben Sie einen Lieblings-Twitter-Kanal?
Thomas Ostendorf: „Einen Lieblings-Twitter-Kanal habe ich nicht. Man scrollt so durch die Timeline oder sucht mit dem Hashtag nach bestimmten Themen, die aktuell sind."

Storytelling

Thomas Fabry

Geschichten faszinieren

Storytelling umschreibt die Methode des Geschichtenerzählens, die die Menschen schon immer fasziniert hat. Storytelling ist deshalb so interessant, weil sich unser Gehirn Geschichten viel besser merken kann. Egal, ob es sich um ein reales Ereignis oder eine Fabel aus der Fantasiewelt handelt, das Erzählen als Geschichte ermöglicht das bildliche Ausmalen und dadurch eine bessere Merkleistung. Über Geschichten wecken wir bei unserem Gesprächspartner Emotionen. Wir können Abstraktes lebendig machen und Zusammenhänge veranschaulichen. Wir können Erfahrungen und Wissen weitergeben. Erzähltes bleibt länger im Gedächtnis und hat einen hohen Unterhaltungscharakter.

Gute Erzähltechnik

Je intensiver Erfahrungen oder Erlebnisse geschildert werden, mit denen sich der Zuhörer/Leser identifizieren kann, desto stärker wird er an die Geschichte gebunden. Sie lebt also davon, dass sich der Zuhörer/Leser in die Situation hineinversetzen kann.

Julia Nissen, die „Deichdeern", erklärt hierzu Folgendes: „Gehen wir einmal gedanklich zurück in die Getreideernte. Als Landhändlertochter bin ich mit diesem Thema aufgewachsen. Es ist für mich hoch emotio-

Thomas Fabry führt mehrere Accounts, in denen er aktives Storytelling betreibt. Quelle: Anna Huber

nal: Wird das Wetter halten? Stimmen die Qualitäten? Wie viel Lagerkapazität haben wir noch? Dazu dieser feine, kriechende Gerstenstaub, der es sich auf meiner Haut bei 25 °C so richtig bequem gemacht hat. Spüren Sie dieses leichte Kribbeln in den Unterarmen auch? Gut – dann habe ich Sie genau jetzt emotional bei mir. Sie werden sich vermutlich an diese Zeilen erinnern. Sie sind meine Zielgruppe für diese Geschichte.
Wenn ich jedoch meine Freundin in Hamburg-Winterhude zum Thema Ernte faszinieren möchte, muss ich das anders lösen. Sie weiß nicht, wie befreiend eine Dusche nach dem Gerstendrusch sein kann. Sie hat keinen emotionalen Bezug dazu. Muss sie auch nicht. Lisa muss ich anders ansprechen. Ich höre ihr interessiert zu und schließe aus ihren Erzählungen, dass sie beim Thema Ernte die Größe der Fahrzeuge, Mähdrescher, Trecker und Lkws kritisch betrachtet – die zu industriell und beängstigend für sie sind."
Es kommt also darauf an, mit der Geschichte die Menschen bei ihren eigenen Erfahrungen abzuholen. Dabei sollten Sie sich immer auf das Wesentliche konzentrieren. Wie in dem Beispiel von Julia Nissen, die über „die befreiende Dusche nach der Gerstenernte" einen entscheidenden Schlüsselmoment herausgreift. Die Details eines aufgezeigten Bildes malt sich der Zuhörer selbst aus, lassen Sie ihm diesen Freiraum.

Die Geschichte sollte in sich logisch, kurz und prägnant sein.

Grundgerüst einer Geschichte

Den Geschichten liegen häufig immer ähnliche Strukturen zugrunde. Als Erstes braucht es immer einen Helden. Wir lernen den Helden als Hauptfigur im gewohnten Umfeld kennen. Außerdem liegt auch ein bestimmtes Ereignis oder ein Problem vor, mit dem sich der Held auseinandersetzt. Sei es der Held in einer Fabel oder in einem Fall aus dem wirklichen Leben, eine Geschichte hat immer einen Auslöser. Innerhalb einer Geschichte wird der Held vor Herausforderungen gestellt und versucht, diese zu lösen. Eine Geschichte verläuft nicht immer linear, sondern ist – ganz im Gegenteil – durch Rückschläge geprägt, die im Verlauf durch den Helden gemeistert werden und die in der Regel zu einem positiven Ende führen.

Spannung aufbauen

Wendepunkte halten den Spannungsbogen aufrecht und fesseln den Zuhörer. Die Hoch- und Tiefpunkte, die sich aus den Herausforderungen und Rückschlägen ergeben, sind ein entscheidender Bestandteil. Denken Sie einmal daran, wann Sie zuletzt vor Herausforderungen gestellt wurden. Welche Ereignisse haben Sie aus Ihrem gewohnten Umfeld herausgebracht?

Geschichten in sozialen Netzwerken

Ob im Print- oder Digitalbereich, journalistische Inhalte drehen sich immer um eine gute Geschichte. Im Vergleich zu den Printmedien bringen digitale Kanäle den Vorteil mit sich, dass sie multimedial gestaltet werden können. Über Bild, Ton und Text können mehrere Sinne zugleich angesprochen werden, was die Geschichte für den Zuschauer spannender macht.

Das Erzählen von Geschichten ist nicht altbacken, sondern ein großer Trend in den sozialen Netzwerken.

Betrachten wir die Relevanz für die sozialen Netzwerke: Dabei ist der theoretische Hintergrund eine wichtige Grundlage für die Gestaltung Ihrer Story, um zu verstehen, wie Sie Ihre Inhalte darstellen können.

Nachdem Snapchat 2011 seine Storyfunktion erstmals einem großen Publikum zugänglich machte, haben mittlerweile auch die anderen großen Netzwerke, wie Facebook oder Instagram, nachgezogen. Geschichten können Zuschauer prima unterhalten: Bild- und Videobeiträge werden dabei aneinandergereiht – es entstehen Videos. Storys, die unmittelbar in dem Moment aufgenommen werden, geben den Zuschauern das Gefühl, live dabei zu sein. Die Inhalte können mit Symbolen, wie Stickern und Emojis, verziert werden, sind aber meist nicht professionell bearbeitet und deshalb sehr authentisch. Über die Storyfunktion werden ungefilterte Einblicke gegeben. Die Fotos und Videos im Story-Feature werden in den Netzwerken im Hochformat erstellt und sind damit perfekt für die Nutzung auf dem Smartphone optimiert.

Tipp

Berücksichtigen Sie das Hochformat, wenn Sie Inhalte für Ihre Story erstellen. Beim Sichten der Storys möchten Nutzer nicht gezwungen werden, das Handy für einen einzelnen Beitrag zu drehen.

Geschichten aus der Landwirtschaft

Welchen Nutzen hat das Storytelling?

Für Ihren landwirtschaftlichen Betrieb besteht der Nutzen des Storytellings ganz klar in der Nähe, die man zu seinem Publikum herstellen kann. Sei es der Alltag auf dem Betrieb oder der Besuch einer Fachmesse – die Landwirtschaft ist facettenreich und bietet eine Riesenkulisse für Ihre Story. Da einzelne Beiträge innerhalb der Storys in der Regel nicht länger als 15 Sekunden angezeigt werden können, bekommen die Follower einen schnellen Überblick über das, was Sie am Tag erlebt haben. Durch diese Form der Darstellung können Sie auch mehrere Impressionen teilen, ganz so, als würden Sie zum Beispiel jedes einzelne Bild auf Ihrer Facebook-Seite posten.
Eine Story aus meinem Alltag setzt sich nicht selten aus 20–30 Bild- und Textbeiträgen zusammen. Mit einer Anzeigedauer von maximal zehn Sekunden können sich die Zuschauer einen ganzen Tag komprimiert in weniger als zwei Minuten ansehen. Diese Häufigkeit an

Beiträgen würde auf Facebook zu einer Überfrachtung führen und eher erdrückend auf den Nutzer wirken.

Den roten Faden beibehalten

Geben Sie gerne im Vorfeld einen Überblick über das, was Sie vorhaben. Ich habe die Erfahrung gemacht, dass es zu Irritationen bei den Zuschauern führen kann, wenn man in einem Moment im Stall ist und das nächste Bild dann vom Trecker gemacht wird. Ein Bild von einem Trecker und Schwein hätte auch als normaler Beitrag auf Facebook funktioniert. Erklären Sie die Abläufe dazwischen – die Storys bieten diese Möglichkeit. In meinem Beispiel hätte ich noch sagen müssen, dass die Routinearbeiten im Stall abgeschlossen sind und wetterbedingt nun das Getreide gedüngt wird. Dieser Beitrag ist ein entscheidender Zwischenschritt, um die Geschichte am Ende des Tages rundzubekommen.

Erfahrungsgemäß braucht jede Geschichte ein Gesicht und damit etwas Persönliches. Geben Sie sich so, wie Sie in Wirklichkeit sind, denn nur so sind Sie ein echtes Original.

Wichtig ist, dass Sie über den Tag gesehen erkennbar einen roten Faden einhalten. Lassen Sie die Nutzer an dem teilhaben, was Sie tagsüber machen.

Tipp

Privat ist nicht gleich privat. Ich spreche durchaus mit den Zuschauern darüber, was mich gerade umtreibt und was im Alltag so passiert. Treffe ich mich dann abends mit Freunden, bleibt das Handy jedoch in der Tasche. Diese Grenze müssen Sie für sich selbst abstecken.

Welche Geschichten soll man erzählen?

In den Storys können Sie das Alltägliche zeigen. Neben den vorgestellten Tagesabläufen können Sie sich auch zu aktuellen Themen äußern. Wie stehen Sie persönlich zum Pflanzenschutz? Was sind die Hintergründe bestimmter Arbeitsmethoden? Falls Sie mit der Ernte beginnen, dann nehmen Sie doch dieses Thema als Schwerpunkt Ihrer Story: Vom Schildern der technischen Abläufe bis hin zur Verpflegung der Erntehelfer – alles, was hinter dem späteren Lebensmittel steckt, können Sie erzählen. Gewähren Sie den Zuschauern einen Blick hinter die Kulissen, dann werden diese Sie auch verstehen, wenn es im Ort mal laut, staubig oder schmutzig ist.

Gerne werden Storys genutzt, um viele verschiedene Impressionen vom Betrieb zu zeigen. Nicht immer setzen sich diese dann aber zu einem Gesamtgefüge zusammen. Erklären Sie, was sie machen und moderieren Sie die Inhalte. Nutzen Sie hierfür sog. „Schlüsselmomente".

Ich habe einmal eine Story damit begonnen zu schildern, welche Feldarbeiten wir an jenem Tag erledigen wollten. Unter Begleitung der Zuschauer richtete ich den Grubber ein und schilderte die Stoppelbearbeitung. Nach dem Mittag dann die Überraschung: Am Grubber war

Die Momente, in denen man am wenigstens an sein Handy denkt, können die entscheidenden für die Geschichte sein.

eine Strebe gebrochen und die Feldarbeit damit sofort gestoppt. Ob das Tagesziel noch erreicht werden konnte? Es war ein Moment, in dem ich an das Handy am wenigsten gedacht hatte. Dann aber berichtete ich doch direkt, was vorgefallen war und das Feedback hätte nicht besser sein können. Es hat mir deutlich gezeigt, wie wichtig es ist, die Leute auch an solchen Momenten teilnehmen zu lassen: Man sollte also nicht nur die Hoch-, sondern auch die Tiefpunkte aus dem landwirtschaftlichen Alltag zeigen.
Mit tatkräftiger Unterstützung eines Mitarbeiters konnten wir ein passendes Teil auftreiben und die Maschine reparieren. Bis zum Ende des Tages konnten wir die Felder noch fertig bearbeiten. Nutzen Sie solche Spannungsbögen, wenn sich die Gelegenheit bietet, und gestalten Sie die Geschichte dadurch mitreißend und unterhaltend.

Tipp

Ich habe die Erfahrung gemacht, dass die Momente, in denen mal etwas nicht ganz rundläuft, wichtige Wendepunkte in meinen Geschichten aus dem Alltag sind, um diese attraktiv zu gestalten. Auf die Zuschauer wirkt es sympathisch, wenn sie merken, dass auch bei anderen mal etwas drunter- und drübergeht.
Im Alltag neigt man dazu, viel in die Story zu posten, wenn man auch gerade viel Zeit hat. Dabei sind das nicht immer die wesentlichen Elemente der Geschichte. Halten Sie Ihren roten Faden im Blick und denken Sie an den Spannungsbogen Ihrer Geschichte. Konzentrieren Sie sich auf die wesentlichen Kernelemente, die Sie für Ihre Botschaft brauchen.

Offener Umgang mit kritischen Themen

Gehen Sie auch mit Themen offen um, die gesellschaftlich eher kritisch angesehen werden. Frau Professorin Karin Schnitker (Fakultät Agrarwissenschaften und Landschaftsarchitektur der Hochschule Osnabrück) sagte in einem Interview gegenüber der Neuen Osnabrücker Zeitung (NOZ): „Immer dann, wenn ich das Gefühl habe, die Gegebenheit sollte nicht an die Öffentlichkeit geraten, ist zu überprüfen, ob ich das, was ich tue, richtig tue und vielleicht sogar, ob ich überhaupt noch das Richtige tue." Dieses Interview hatte mich noch einmal darin bestätigt, alles offen anzusprechen, was auf dem Hof passiert. Ein Beispiel war hier einmal die Totgeburt eines Ferkels. In dem Zusammenhang erkläre ich dann auch, was die Ereignisse für mich persönlich und wirtschaftlich für den Betrieb bedeuten.
Die Offenheit, die Sie Ihren Zuschauern entgegenbringen, führt in den Storys zu einer hohen Glaubwürdigkeit und vielen Fürsprechern für Ihren Betrieb. Menschen, die Sie dort über längere Zeit begleiten, werden sich als ein Bestandteil Ihres Betriebes sehen und Ihnen in möglichen schlechten Zeiten den Rücken stärken. Entsprechend respektvoll ist

auch der direkte Austausch unter den Zuschauern. In keinem anderen Netzwerk reagieren anteilig so viele Menschen auf Ihre Inhalte wie beim Storytelling.
Gehen Sie unbedingt auf die Nachrichten ein und nutzen Sie die große Chance, über die Storys eine Community zu bilden.
Ich gebe zum Beispiel die Möglichkeit, Fragen zu stellen, die ich dann in der Story aufgreife und beantworte. Storytelling bedeutet nicht nur Erzählen, sondern auch Zuhören.

Fragen Sie doch einfach mal Ihre Zuschauer, was sie gerne über Ihren Hof wissen oder sehen möchten.

Gewinnspiel veranstalten

Storys bieten in vieler Hinsicht ganz neue Möglichkeiten: Zum Beispiel habe ich einmal ein einwöchiges Gewinnspiel veranstaltet. In der Story habe ich an unterschiedlichen Stellen ein kleines Stoffschwein versteckt. Die Zuschauer mussten mir dann am Ende der Woche erzählen, wo es überall zu entdecken war, und haben dafür ein kleines Präsent bekommen.

Überlegungen vorab

Wenn Sie Ihre Story erstellen, überlegen Sie immer zuerst, was Sie vermitteln möchten und wer Ihre Zuhörerschaft ist. Geschichten werden für den Zuhörer erzählt. Je nachdem, welches Netzwerk Sie nutzen, können die Gruppen, die Sie erreichen, sehr unterschiedlich sein. Während Sie auf Snapchat (zum Beispiel „Sendung mit der Maus“) eher mit jungen Jugendlichen kommunizieren, ist das Publikum auf Instagram derzeit ein paar Jahre älter. Passen Sie Ihre Inhalte und die Art und Weise, wie Sie sich ausdrücken, unbedingt entsprechend an.

Über Lenses können Sie Ihr Gesicht auf verschiedene Weisen verändern.
Quelle: Anna Huber

Durch die junge Zielgruppe können Sie Ihre Bilder auf Snapchat viel spielerischer aufbereiten. Über verschiedene Filter und Sticker ist diese Plattform ohnehin etwas verspielter. Vermeiden Sie allgemein Fachbegriffe oder erklären Sie diese. Gehen Sie nicht davon aus, dass Menschen außerhalb der Landwirtschaft wissen, was „Fruchtfolge“ oder „Drille“ bedeutet.

Metaphern nutzen

Das Erzählen von Geschichten lebt von der Bildsprache. Eine Metapher ist ein sprachliches Mittel, das gerne zur Verbildlichung von Aussagen genutzt wird. Über Metaphern können Sie Aussagen gezielt verstärken oder neue Perspektiven schaffen. Denken Sie zum Beispiel an die Baumkrone oder die Datenautobahn. Beides ist ein Zusammenspiel von zwei Wörtern, die eigentlich nichts miteinander zu tun haben, die das Gesagte aber viel besser verbildlichen. Bei diesen Begriffen wurden Wörter in einen anderen Zusammenhang übertragen und sind für uns dadurch greifbarer. Andere Beispiele aus der Landwirtschaft sind die Metaphern Mutterboden oder die Hofübergabe.
Eine Veranschaulichung kann neben dem Wortgebrauch in einer Geschichte auch über die bildliche Darstellung erfolgen. Wollen Sie erklären, wie sich das Futter Ihrer Tiere zusammensetzt, dann sehen Sie von der Grammabgabe ab und messen es in Teelöffeln. Zeigen Sie ein Litermaß auf einem Quadratmeter Ackerfläche, um zu verdeutlichen, wie viel Sie auf einer Fläche ausbringen.

Drehbuch erstellen

Damit Sie alle diese vielen Faktoren in Ihrer Geschichte berücksichtigen können, kann es hilfreich sein, sich zu Beginn ein kleines „Drehbuch“ auf einem Blatt Papier zu skizzieren. Hier genügt die Darstellung in einfachen Grundzügen, damit Sie später eine Gedächtnisstütze haben. Für die technische Umsetzung ist es außerdem wichtig, genügend Datenvolumen zur Verfügung zu haben, um gerade die Videos in die Story hochladen zu können. Je nach Geräuschkulisse kann es vorteilhaft sein, ein externes Mikrofon zu nutzen.

Aus der Praxis

Prof. Dr. Matthias Kussin lehrt Medien- und CSR-Kommunikation an der Hochschule Osnabrück und rät jedem, der auf sozialen Netzwerken erfolgreich werden möchte, viele gute Geschichten zu erzählen. Wie Kussin in einem Gespräch mit uns erklärte, hat sich das Geschichtenerzählen seit Jahrtausenden und kulturübergreifend bewährt, denn: „Gute Storys bleiben beim

Zuhörer oder Leser hängen. Sie erzeugen Bilder im Kopf und lösen Gefühle aus.“ Kussin betont, dass gute Geschichten nicht nur Positives, sondern auch über Rückschläge und Tiefpunkte berichten. Überraschende Elemente und Wendepunkte erzeugen Resonanz und Spannung beim Leser bzw. Zuschauer. Obwohl Kussin die Stärken des Storytelling-Formats unterstreicht, erklärt er, dass es sich dabei auch nicht um das Allheilmittel der Öffentlichkeitsarbeit handelt: „Ein einzelnes Format kann nicht die Informationsbedürfnisse aller Dialoggruppen befriedigen.“ Der Professor beschreibt, dass Geschichten zwar starke Wirkung erzeugen, aber auch häufig von Einzelfällen berichten und die vermittelten Botschaften daher vom Empfänger als nicht repräsentativ bewertet werden. Außerdem beschreibt er Storys als recht zeitaufwendiges und komplexes Format und merkt an, dass nicht jeder auf Anhieb ein guter und müheloser Geschichtenerzähler ist. Laut Kussin gehören zur Öffentlichkeitsarbeit daher auch immer noch nüchterne Formate, die auf Fakten oder Zahlen basieren und Autorität und Glaubwürdigkeit schaffen: „Storys sind nicht die Alternative, sondern eine Ergänzung zu anderen Aufbereitungsformen.“

Kussin empfiehlt Landwirten, im Vorfeld des Geschichtenerzählens immer die eigene Zielsetzung unter die Lupe zu nehmen: „Wofür stehe ich als Landwirt? Was interessiert meine Follower bzw. Freunde innerhalb und außerhalb der Landwirtschaft? Welche Botschaft will ich mit meiner Geschichte vermitteln? Welche Episoden und Bilder kann ich dafür einsetzen?“

Der Professor aus Osnabrück rät, nicht jede Geschichte aus dem Stall direkt zu erzählen oder jedes Foto direkt zu posten, sondern stattdessen Material in einem Ideenspeicher zu sammeln. Auf diese Weise handelt man besonnener und hat bei Bedarf gute Geschichten parat. Auch in der Krisenkommunikation, zum Beispiel als Reaktion auf einen Shitstorm, sieht Kussin für Storytelling eine Chance, da es Sympathien weckt und den eigenen Blickwinkel erklärt: „Deshalb gilt trotz der Schnelllebigkeit von digitaler Kommunikation beim Storytelling: Stimmigkeit und das richtige Timing sind wichtiger als Geschwindigkeit.“

Fazit

- Eine Story muss es wert sein, bis zum Ende gesehen zu werden.
- Vermeiden Sie inhaltliche Sprünge.
- Geschichten wirken wenig werblich und schaffen Vertrauen.
- Geschichten fördern Interaktion.
- Die Story-Funktionen haben ein geringes „Shitstorm-Potenzial“.
- Nehmen Sie Storys im Hochformat auf.

Interview mit Lutz Staacke

Lutz Staacke – der strickende Community-Manager, Blogger, Trollfreund, User-Liebhaber und Gutmensch. Mit #1000malwillkommen hat er der Willkommenskultur 2015 ein Gesicht gegeben, er baute die Facebook-Community eines Onlineshops auf und war Team Lead Community-Manager bei Deutschlands größter Q&A-Plattform. Heute arbeitet er als Head of Social Media beim Deutschen Landwirtschaftsverlag und berät Redaktionen bei ihren Social-Media-Auftritten, analysiert diese und bespricht mit Chefredakteuren deren digitale Strategie.

Was bedeutet Storytelling für Sie?

Lutz Staacke: „Storytelling bedeutet für mich, dass Informationen in einer Geschichte transportiert werden, im privaten, aber auch im beruflichen Umfeld. Es reicht meiner Meinung nach eben nicht aus, zu sagen: ‚Wir haben eine rote Regenjacke und die ist Wasser abweisend.' Denn diese Aussage kann jede Marke treffen, ob Salewa, Schöffel oder die günstige von Icepeak. Rote Jacken haben sie alle. Es geht darum, die Zielgruppe zu erkennen und ihr zu zeigen, wie gut die Jacke zu den Bedürfnissen passt. Das gelingt besonders gut, wenn man das Gefühl und das Erlebnis, das diese Jacke vermitteln soll, in eine Geschichte packt."

Kann Öffentlichkeitsarbeit überhaupt noch ohne das Erzählen von Geschichten funktionieren, nur mit nüchternen Fakten?

Lutz Staacke: „Ich glaube, dass es beides braucht. Manchmal nüchterne Fakten, manchmal eine schillernde Geschichte. Und oft auch irgendwas dazwischen. Wenn mich als Landwirt ein Nutzer auf Facebook angreift,

Lutz Staacke, Head of Social Media beim Deutschen Landwirtschaftsverlag, ist leidenschaftlicher Geschichtenerzähler. Quelle: Katharina Krenn

dann sollte ich nicht anfangen, emotional eine schöne Geschichte zu erzählen, wie ich als Landwirt die Welt ernähre. Entweder, der Kommentar wird entfernt – weil er der Netiquette widerspricht – oder ich antworte sachlich darauf. Überzeugen werde ich den einen ggf. nicht, aber die restlichen 60 % der stummen Leser sehen meine Antwort auch und bilden sich somit ihre Meinung.
Wenn ich von mir aus etwas erzählen möchte oder mein Produkt anpreisen will, sollten klassische PR und Storytelling zusammenspielen. Richtet sich meine Mitteilung an die Presse, so sind Fakten wesentlicher als blumige Umschreibungen. Will ich den Verbraucher auf etwas aufmerksam machen, so kann ich nicht nur dröge Informationen runterrasseln."

Wie kann Storytelling praktisch im Alltag der Landwirte aussehen?
Lutz Staacke: „Der Hof schreibt die schönsten Geschichten. Ich denke, dass jeder Landwirt etwas von seinem Alltag berichten kann. Nadine Henke (Anmerkung: siehe dazu auch: S. 16 „Aus der Praxis") macht das meiner Meinung nach sehr gut. Sie erzählt auf Facebook klipp und klar, wie und warum zum Beispiel ein Schwein gestorben ist. Das ist für mich authentisch. Sie lässt unangenehme Themen nicht aus.
Mehrere Landwirte oder ein Verband könnten eine Ebene höher gehen und Landwirtschaft im Allgemeinen für die Öffentlichkeit zugänglich machen. Oder so, wie die Hofheld Story auf Snapchat, die (Jung-) Landwirtschaft aus dem Blickwinkel von 52 Landwirten zeigt."

Ist jedes Netzwerk für Storytelling gleich gut geeignet?
Lutz Staacke: „Zum Geschichtenerzählen liebe ich es, auf Instagram und Snapchat unterwegs zu sein. Ich schaue mir aber auch sehr gerne gute Geschichten auf YouTube an oder verfolge einzelne Postings bei Facebook. Ich denke, man sollte eben prüfen, wo sich die eigene Zielgruppe aufhält und wie ich diese am besten erreichen kann. Als Anbieter von Rollatoren oder Treppenliften brauche ich keine Strategie für Snapchat oder Instagram. Noch nicht. Hinzu kommt auch noch die Frage, ob ich alle Möglichkeiten verwenden kann und muss. Zeit und Ressourcen spielen ja immer eine Rolle, sprich: Manchmal reicht es, wenn ich eine Geschichte auch in einem Bilderalbum auf Facebook erzähle."

SNAPCHAT

Snapchat

Thomas Fabry

Was ist aus Sicht der Buchautoren das Besondere an Snapchat?

Jutta Zeisset: „Die Bedienung der App ist anders, als man es sonst gewöhnt ist. Snapchat muss immer wieder neu entdeckt werden und richtet sich damit besonders an eine junge Zielgruppe. Snapchat-Updates sind überdurchschnittlich häufig und bringen oftmals viele neue Möglichkeiten mit sich."

Thomas Fabry: „Die Story-Funktion revolutioniert gerade die Online-Welt, Snapchat hat dafür einen entscheidenden Grundstein gelegt. Dafür liebe ich Snapchat besonders. Ich konnte noch nie so einfach Geschichten aus meinem Alltag erzählen."

Jutta Zeisset: „‚Was interessiert mich der Post von gestern?' Kein anderes Portal lebt dieses Motto so wie Snapchat. Nach 24 Stunden sind alle Inhalte verschwunden."

Thomas Fabry: „Snapchatter sind eine ganz besondere Community. Die vertraute Nähe und Bindung ist auf keiner anderen Plattform so zu spüren."

Jutta Zeisset: „Der Aufbau der Snapchat-App ist angelehnt an einen Würfel. Dies macht die App so vielseitig und interessant. Probieren Sie diese andere Art von Smartphone-App."

Thomas Fabry führt den Snapchat-Kanal @landwirtzukunft. Quelle: Anna Huber

Was ist an Snapchat anders?

■ 24-Stunden-Frist

Auf Snapchat geht es darum, den Moment festzuhalten. Geteilte Inhalte löschen sich automatisch nach 24 Stunden. Snapchat ist eine App, die es Ihnen ermöglicht, Texte, Bilder und Videos mit Freunden zu teilen. Das Netzwerk ist nur auf mobilen Endgeräten verfügbar. Eine Besonderheit liegt in der Vergänglichkeit der Inhalte. „Snaps", die an Freunde gesendet werden, lassen sich nur einmal ansehen.

Die 24-Stunden-Anzeigedauer läuft ab dem Zeitpunkt der Aufnahme und nicht ab dem Hochladen von Bildern oder Videos.

■ Snap oder Snapchat-Story

Sie können sich innerhalb von Snapchat nur mit Freunden im sehr engen Rahmen austauschen. Wollen Sie alternativ dazu die aufgenommenen Bilder und Videos einem größeren Empfängerkreis zugänglich machen, müssen diese in die Story hochgeladen werden.
Im Gegensatz zu normalen Snaps können andere Nutzer die Inhalte der Snapchat-Story 24 Stunden lang so oft ansehen, wie sie möchten. Alle Inhalte, die innerhalb von 24 Stunden veröffentlicht werden, setzen sich als langer Filmstreifen zum Durchklicken zusammen und sind für alle Follower auf Snapchat sichtbar. Die Inhalte sind bis zum Ablauf der Zeit sichtbar oder bis sie manuell gelöscht werden.

■ Mit wem wird geteilt?

Es gibt eine Unterscheidung zwischen verschiedenen Sichtbarkeitsstufen, sodass entweder nur die eigenen Freunde oder ein benutzerdefinierter Kreis die Inhalte sehen kann. Sollen möglichst viele Menschen die Story sehen, sollte sie für jeden freigegeben sein.

■ Screenshots möglich

Egal, ob privater Snap oder Story, andere Nutzer können jederzeit einen Screenshot von Bildern und Videos machen. Sobald ein Nutzer den Auszug jedoch festhält, bekommt der Herausgeber der Inhalte eine direkte Benachrichtigung. Diese soll als eine Barriere wirken und Nutzer davon abhalten, Inhalte über eine Bildschirmaufnahme festzuhalten. Ziel ist es, dass Beiträge innerhalb des Netzwerks bleiben.

Hält ein Nutzer die Inhalte eines anderen fest, so bekommt dieser eine Benachrichtigung und kann – sofern sie miteinander verbunden sind – gezielt nach dem Hintergrund fragen. Diese Mitteilung dient also auch der Abschreckung.

Tipp

Die Funktion kann gut dafür genutzt werden, eine Abstimmung mit seinen Followern zu machen. So kann man zum Beispiel erfragen, ob die Ernte schon begonnen hat. Im Folgenden kann ein Snap mit „Ja" und einer mit „Nein" gezeigt und über die Screenshots ein Stimmungsbild eingeholt werden.

Snapchat ist intimer

Um Inhalte auf Snapchat sehen zu können, ist ein eigenes Profil erforderlich. Die Geschlossenheit zeichnet die Plattform aus. Während Facebook das Netz sturmartig eroberte und alle Internetnutzer zu „Freunden“ machte, schafft Snapchat einen viel engeren Rahmen, in dem sich Freunde austauschen können. Snapchat ist damit persönlicher/intimer als Facebook. Gerade Schüler und jüngere Menschen haben nach der Entwicklung der App den Reiz gesehen, sich innerhalb ihres Freundeskreises auszutauschen, ohne von ihren Eltern beobachtet zu werden. Die Struktur hat dabei auch eine große Auswirkung auf die Gemeinschaft, die sich zwischen den Snapchat-Nutzern bildet. Ein geschlossener Rahmen führt zu einem vertrauten und offenen Austausch, worüber man ursprünglich fremde Nutzer schnell kennenlernen und sogar Freundschaften schließen kann. Die meisten Nutzer sind heute unter 19 Jahre alt.

Erste Schritte

Account anlegen

Der Nutzername lässt sich im Nachhinein nicht mehr ändern.

Die App Snapchat ist über den iOS- und Android-Store kostenlos erhältlich. Für die Anlage eines Accounts muss man den Namen, die E-Mail-Adresse, Geburtstag, Nutzernamen und Handynummer angeben. Mit der Angabe des Namens melden Sie sich an und stimmen den Nutzungsbedingungen zu.

Der vorgeschlagene Nutzername ist nicht verpflichtend und kann manuell überschrieben werden. Nach der Eingabe der Handynummer bekommen Sie einen Freischaltcode, der für die Verifizierung des Profils erforderlich ist. Mit dem Benutzernamen und einem Passwort der Wahl können Sie sich nun bei Snapchat anmelden.

Zugriffsberechtigungen einstellen

Nach der Einrichtung des Profils schlägt Snapchat Ihnen vor, sich mit Freunden aus Ihrem Kontaktbuch zu verbinden. Dazu holt sich die App die Genehmigung ein, auf Ihre Kontakte zugreifen zu können. Snapchat wird Ihnen andere Nutzer vorschlagen, mit denen Sie sich verbinden können.

Je nach Mobilgerät holt sich die App weitere Zugriffsgenehmigungen ein, die sich auf verschiedene Funktionen von Snapchat beziehen. Darunter fällt der Zugriff auf die Kamera, das Fotoalbum auf dem Gerät und die Erfassung des eigenen Standorts. Da das Aufnehmen von Fotos ein Kernelement des Netzwerks ist, sollte der Zugriff auf Kamera und Mikrofon gestattet werden. Das Erfassen des Standorts ist vor allem für die Verwendung von Geofiltern von Bedeutung. Damit lassen sich Snaps auf kreative Art und Weise mit einer Ortsangabe versehen. Über die Standortverfassung können Sie Snapchat erlauben, dass Ihr Aufenthaltsort auf einer Landkarte für Freunde zu sehen ist.

Wichtige Einstellungen

Ist das Profil angelegt, sollten Sie zunächst einige Einstellungen vornehmen. Diesen Bereich erreichen Sie, wenn Sie von der Startseite aus auf das Logo/Icon am oberen Rand klicken. Danach befindet sich derzeit in der oberen Ecke ein Zahnrad. Im Einstellungsbereich sind die Informationen aufgeführt, die Sie beim Anlegen des Profils angegeben haben.

■ Wer darf was sehen?

Um einen Überblick zu haben, auf welche Handyfunktionen Snapchat zugreift, bewegen Sie sich zu der Kategorie „Wer darf". In diesem Einstellungsbereich kommt es darauf an, wie Sie das Netzwerk nutzen möchten. Für den Austausch mit Freunden aus dem eigenen engen sozialen Umfeld genügt es, nur diesen Freunden zu gestatten, Sie zu kontaktieren und Ihre Inhalte zu sehen. Möchten Sie Inhalte einer größeren Gruppe an Nutzern zugänglich machen, dann setzen Sie den Haken bei „Jeder". Gleiches gilt für den Standort und dafür, ob Snapchat Ihr Profil anderen Nutzern vorschlagen kann.

Je mehr Möglichkeiten Sie der App einräumen, desto mehr Berührungspunkte schaffen Sie zu möglichen Followern.

■ Akku und Datenvolumen sparen

Durch das Versenden und Empfangen von Bildern beansprucht Snapchat den Akku und das verfügbare Datenvolumen stark. Wenn Sie Snapchat öffnen, beginnt die App unmittelbar damit, Inhalte zu laden, um diese dann ohne Ruckeln abrufbar zu machen.

Datensparmodus

Um Akku und Datenvolumen zu sparen, können Sie bei den Einstellungen einen Datensparmodus aktivieren, wodurch Snapchat im Hintergrund keine Daten mehr lädt.

Über die Einstellungen können Sie außerdem die Dateien verwalten, die zum Beispiel über das Archiv Memories oder den Austausch mit Freunden anfallen. Hier können auch Nutzer gezielt blockiert werden.

Intuitive Menüführung

Snapchat sieht von einer üblichen Menüführung ab, wie man es zum Beispiel von Internetseiten oder anderen sozialen Netzwerken kennt. Die Steuerung der App erfolgt im Wesentlichen intuitiv durch das Wischen über das Display. Die Anordnung der Menüebenen ähnelt der Form eines Würfels. Kein Netzwerk befindet sich so stark im Wandel wie Snapchat. Es ist davon auszugehen, dass sich in der Menüstruktur auch weiterhin immer wieder Änderungen ergeben werden.

Beim Öffnen von Snapchat ähnelt der Bildschirm der Kamera-App eines Smartphones. Bei Snapchat geht es darum, den Moment festzuhalten. Das Bild steht deshalb in der Menüführung im Mittelpunkt. Durch das Wischen in verschiedene Richtungen oder das Drücken der Icons auf dem Startdisplay können Sie sich in den Untermenüs bewegen. Bei den Menüs unterscheidet Snapchat zwischen verschiedenen Bereichen: einer für den Austausch mit Freunden (links), einer für das Entdecken öffentlicher Inhalte von Influencern (Netzwerkteilnehmer mit vielen Followern, sie werben für Marken, Produkte und Services) oder Medienhäusern (rechts), ein persönlicher Bereich mit allem, was mit Ihrem Profil zu tun hat (Icon oben), sowie ein „Speicherplatz" Memories für Ihre Inhalte (unten).

Entdecker-Bereich

Im Entdecker-Bereich, der sich zur rechten Seite hin befindet, werden Inhalte von Influencern und Medien angezeigt. Sie finden hier News-Meldungen, zum Beispiel von Spiegel Online oder der Bild-Zeitung, genauso wie beliebte Storys von Unternehmen und Nutzern, denen Sie folgen. Ob ein Nutzer als Influencer gilt, hängt davon ab, ob die anderen Nutzer ihn auch zurückverfolgen. Folgt man sich gegenseitig, wertet Snapchat den Nutzer als Freund.
Wenn Sie im Entdecker-Bereich eine Story finden, die Ihnen besonders gut gefällt, können Sie diese abonnieren. Zukünftig wird sie Ihnen dann weiter oben mit angezeigt. Andersherum können Sie Snapchat auch mitteilen, dass Sie weniger davon sehen wollen. Halten Sie die Story gedrückt und wählen Sie zwischenden Anzeigeoptionen. Nehmen Sie aktiv Einfluss darauf, was Ihnen in diesem Bereich angezeigt wird. Snapchat lernt dazu. Unangemessene Storys können gemeldet werden. Öffentliche Storys können auch als private Nachricht an Freunde weitergeschickt werden.

Freunde-Bereich

Mit einem Wischen nach rechts gelangen Sie zum Freunde-Bereich. Hier können Sie private Nachrichten verschicken, Snaps ansehen, die Ihnen geschickt wurden, oder Storys von Freunden verfolgen. In diesem Bereich können Sie auch Gruppen innerhalb Ihrer Freunde anlegen, in denen Sie gemeinsam chatten können. Es ist außerdem möglich, eine Gruppen-Story zu erstellen, die Sie mit Ihren Freunden zusammen füllen können.
Die Reihenfolge, in der die Freunde angezeigt werden, hängt unter anderem davon ab, wann diese etwas Neues veröffentlicht haben und wie oft Sie sich mit ihnen austauschen.

Memory-Bereich

Über das Miniaturbild unterhalb des Auslösers oder das Wischen nach oben gelangen Sie von der Startseite zum Speicherplatz „Memories"

von Snapchat. Hier können einzelne Snaps oder ganze Storys archiviert und später wieder verwendet werden. Über diesen Bereich ist es außerdem möglich, Inhalte vom Handy in die App zu importieren. Über Memories können alte Aufnahmen zu neuen Storys zusammengestellt und dazu auch Fotos bzw. Videos aus dem normalen Fotoalbum Ihrer Kamera genutzt werden.
Fügen Sie Aufnahmen aus dem Fotoalbum des Handys zu Ihrer Story hinzu, werden diese mit einem weißen Rand abgebildet. Dies gilt nicht für Aufnahmen, die innerhalb von Snapchat aufgenommen und archiviert wurden.
Über Memories kann jeder Nutzer sein Leben wie in einem Dokumentarfilm abbilden, indem er Momente festhält und in die Storys reinschneidet. Snaps können außerdem von Memories heruntergeladen und dann zum Beispiel auf Instagram oder Facebook gepostet werden. Für viele Nutzer ist das interessant, weil man Fotos und Videos auf Snapchat einfach mit Filtern, Text und Emojis verzieren kann.
Bei der täglichen Arbeit mit Snapchat können Sie die Funktion gut dafür nutzen, um zu zeigen, wie sich ein Kalb oder eine Pflanze entwickelt. Machen Sie jede Woche auf Snapchat ein Bild von einer Ackerfläche, speichern Sie es in Memories und geben Sie den Zuschauern zur Ernte einen schnellen Überblick über die verschiedenen Entwicklungsstadien. So können Sie das Leben eines Kalbes oder einen Bauprozess festhalten und immer wieder rückblickende Vergleiche ziehen.
Mit dem Einbinden von Aufnahmen aus dem Handy können Sie Ihre Story zusätzlich veranschaulichen. Wenn Sie von einer bestimmten Maschine sprechen, bietet es sich an, ein vorhandenes Foto aus dem Fotoalbum zu integrieren. Gleiches ist auch mit Diagrammen oder Statistiken möglich, die Ihre Aussagen untermauern.

Tipp

Achten Sie beim Einbinden von Bildern stets auf die Urheber- bzw. Nutzungsrechte und Quellenangaben. Wenn Sie Screenshots aus den Plattformen anhängen, sollten keine Namen von Privatpersonen zu erkennen sein, die der Verwendung nicht explizit zugestimmt haben.

■ Profil-Bereich

Zum Profil-Bereich gelangen Sie vom Startdisplay aus über den Bitmoji am oberen Bildrand. In diesem Bereich finden Sie alles, was mit Ihrem Profil zu tun hat. Der Snapcode kann im übertragenen Sinne als Profilbild verstanden werden. Es ist eine abgewandelte Form des Snapchat-Logos, das sich aus einem weißen Geist in einem gelben Würfel zusammenfügt.

Über Snapchat können Sie sich einen Avatar (virtuelle Figur) von Ihrer Person erstellen. Mit einem Baukastensystem erstellen Sie eine Trickfigur, die Ihnen gleicht. Diese Figur, Bitmoji genannt, können Sie als Profilbild verwenden und zudem auch nutzen, um Ihre Bilder zu verzieren.

Der Snapcode ist ein wichtiges Instrument, um außerhalb von Snapchat auf Ihr Profil hinzuweisen. Sie können ihn als Bild abspeichern und analog oder digital verbreiten. Meinen Snapcode habe ich auf die Rückseite eines T-Shirts drucken lassen. Snapchat-Nutzer, die das Profilbild über die App abscannen, bekommen gleich Ihr Profil angezeigt.

Ein weiteres Element in dem Bereich ist der Snapscore, der sich aus der Summe des versendeten Inhaltes des jeweiligen Profils errechnet. Er kann Auskunft über die Aktivität eines Nutzers innerhalb von Snapchat geben. Sie können auch Ihre Story hier verwalten und einsehen, wie viel Nutzer Sie betrachtet haben.

„Unsere Story“ ist eine Sammlung von Snaps, die von allen Snapchattern eingesendet und dann kategorisiert werden. Über den Pool an Inhalten ist es möglich, einen Ort oder ein Event aus verschiedenen Blickwinkeln zu zeigen. Im Profilbereich können auch neue Inhalte zu der Story hinzugefügt werden.

In einer Trophäenkiste sind kleine Auszeichnungen enthalten. Trophäen schalten Sie frei, wenn die Snaps bestimmte Eigenschaften enthalten oder mit einer gewissen Häufigkeit verschickt wurden.

Die Kontakte können hier eingesehen und neue Freunde hinzugefügt werden. Über die allgemeinen Einstellungen können auch Datenschutz und Privatsphäre gesteuert werden (s. S. 113, Wichtige Einstellungen).

■ Suchfunktion

Die Suchfunktion steht Ihnen am oberen Bildrand innerhalb des Startdisplays zur Verfügung. Wenn Sie auf die Leiste klicken, sehen Sie eine Vorschau der Karte aus Ihrer Umgebung und auch wo sich Ihre Freunde gerade aufhalten. Die Karten können Sie öffnen, wenn Sie diese mit zwei Fingern herauszoomen. Über die Suchleiste lassen sich Freunde, Gruppen, Orte und Veranstaltungen finden.

Das Handling von Snapchat

Auch wenn die Nutzerzahlen von Snapchat zuletzt sehr stagnierend waren und die Plattform hier nicht den gleichen Durchbruch wie in Amerika geschafft hat, ist sie für viele junge Menschen doch das zentrale Kommunikationsmedium. Anteilig an den Nutzern bemessen, werden in fast keinem Netzwerk so viele Bilder geteilt wie auf Snapchat.

■ Fotos und Videos aufnehmen

Die Startseite der App erinnert an eine normale Handykamera. Über den Auslöser in der Mitte nehmen Sie Snaps auf:
- einfaches Drücken, um ein Foto aufzunehmen
- gedrückt halten, um ein Video aufzunehmen

Aufgenommene Bilder oder Videos lassen sich in diesem Bereich anschließend mit Filtern und Symbolen verzieren und versenden.

Tipp

Wenn Sie den Finger während der Videoaufnahme nach oben schieben, können Sie in das Bild hereinzoomen.

■ Fotos und Videos ansehen und teilen

Aufgenommene Bilder können direkt an einen Nutzer aus den Kontakten gesendet und von diesem einmal angesehen werden. Einmal innerhalb von 24 Stunden ist es einem Nutzer möglich, einen Snap im Chat-Bereich zu wiederholen. Einzelne Nutzer können sich zudem in Gruppen zusammenschließen und untereinander Bild- und Textnachrichten verschicken. Über einen Doppelklick auf ein Profil in der Freunde-Ansicht können Snaps direkt über die Kamera an den Nutzer gesendet werden.

■ Kamerafunktionen nutzen

Genau wie bei der Handykamera kann der Blitz hier ein- und ausgeschaltet werden. Er funktioniert für beide Kameraperspektiven. Zwischen der Front- und Rückkamera kann neben dem Blitz oder durch das doppelte Tippen auf den Bildschirm gewechselt werden. Dies ist auch während der Aufnahme eines Videos möglich.

Tipp

Der Blitz kann dabei helfen, einen Einstieg für die Aufnahme zu bekommen. Wenn Sie jemanden interviewen möchten, sieht die Person am aufleuchtenden Blitz, wann sie mit der Antwort beginnen kann.

Snapchat bietet unglaublich viele Möglichkeiten, Bilder und Videos zu verzieren. Aufgrund der eher jüngeren Zielgruppe dürfen die Inhalte auch etwas verspielter sein als auf anderen Plattformen. Beachten Sie, dass Sie die Bilder im Hochformat aufnehmen, bearbeiten und in die Story posten. Überlegen Sie genau, wie Sie die Aussagen mit der großen Auswahl an Stickern geschickt untermauern können. Manchmal kann es genauso gut sein, ein Bild für sich sprechen zu lassen, anstatt es mit Stickern zu überfrachten. Vor allem mit Text sollten Sie sparsam umgehen. Nachfolgende Bilder zeigen verschiedene Möglichkeiten, die Ihnen auf Snapchat zur Verfügung stehen.

Tippen Sie auf der Startseite für einen Moment auf die Bildschirmmitte und verzieren Sie Ihr Gesicht oder die Gesichter im Umfeld.
Quelle: Anna Huber

Tipp

Wenn Sie ein Symbol mit zwei Fingern größer ziehen, können Sie einen eigenen Filter nutzen oder gezielt Farbverläufe einbauen. Wenn Sie einen Filter mit einem Finger festhalten, können Sie noch einen zweiten Filter dazuholen.

Snaps mit Musik hinterlegen

Wenn Sie auf Ihrem Handy Musik abspielen, wird diese auch in Ihren Snaps aufgezeichnet. Mit Musik oder Tönen können Sie den Beiträgen einen echten Unterhaltungswert verleihen. Beachten Sie jedoch bei allem, was Sie in die Öffentlichkeit geben, ob Sie entsprechende Rechte für die Verwendung haben. Gleiches gilt, wenn Sie aus dem Büro posten. Achten Sie darauf, dass keine sensiblen Daten zu erkennen sind. Wenn Sie zum Beispiel Baustoffe von einer Firma abholen, fragen Sie vorher nach, ob Sie die Situation in Ihrer Story darstellen können.

Wichtig beim Hochladen: Auf die Reihenfolge achten!

Wenn Sie möchten, dass etwas nicht aus dem Zusammenhang gerissen wird, ist es ratsam, das Hochladen der Story durch Einschalten des Flugmodus am Handy bewusst zu verhindern. So habe ich es zum Beispiel bei der Story über das Kürzen der Ferkelschwänze gehandhabt. Mir war es wichtig, dass die Zuschauer dies im unmittelbaren Zusammenhang zur Erklärung sehen können. Je nachdem, wie viele Snaps hochgeladen werden müssen, kann es nützlich sein, wenn WLAN zur Verfügung steht. Gerade im ländlichen Raum kann es passieren, dass kleinere Bilder mitten aus der Story direkt online sind, während die Videos, die eigentlich davor kommen sollten, noch fünf Minuten länger brauchen. Das hat zur Folge, dass in dieser kurzen Zeit schon die ersten Zuschauer die Geschichte in einer falschen Reihenfolge sehen.

Story erstellen

Zuschauer direkt ansprechen

Viele Nutzer sehen sich die Storys ohne Ton an. Entscheidende Botschaften sollten Sie also unbedingt zusätzlich über die Textfunktion als Untertitel einfügen.

Achten Sie bei dem Erstellen Ihrer Story außerdem auf die direkte Ansprache der Zuschauer. Denken Sie an die Nähe, die auf Snapchat gelebt wird. Geben Sie Ihren Followern das Gefühl, dass sie Ihnen wichtig sind. Schauen Sie dabei vor allem direkt in die Kamera und nicht auf das Display, wenn Sie die Aufnahme in der Selfie-Perspektive machen. Oft habe ich als Zuschauer dann das Gefühl, dass die Leute an mir vorbeischauen. Verwenden Sie eine freie Ausdrucksweise, achten Sie aber gleichzeitig darauf, dass Sie bestimmte Floskeln nicht zu oft benutzen. Da sich die Geschichte über den Tag verteilt zusammensetzt, passiert es schnell, dass man die Aufnahme mit einer erneuten Begrüßung beginnt, die dann später beim Anschauen zweimal direkt hintereinander erfolgt. So erwische ich mich selbst immer wieder dabei, wie ich eine Aufnahme mit „Ja" oder „So" beginne.

Profil bekannt machen

Da die Möglichkeiten, einen Nutzer auf Snapchat zu finden, eher begrenzt sind und die Plattform in sich sehr geschlossen ist, sollten Sie auch auf anderen Netzwerken versuchen, Ihren Nutzernamen zu verbreiten. So können Sie viele Menschen mit Ihrem Auftritt erreichen.

Sich inspirieren lassen

Lassen Sie sich auch immer durch andere Storys inspirieren. Schauen Sie zum Beispiel mal bei „Hofheld" vorbei, wo unterschiedliche Landwirte sich selbst, ihren Betrieb und ihren Alltag vorstellen.

Von der engen Beziehung profitieren

Snapchat ist keine Plattform, auf der man eine große Masse an Nutzern erreichen kann. Sie haben jedoch über das Netzwerk die Möglichkeit, eine enge Beziehung zu Ihren Followern aufzubauen. In kaum einem Netzwerk reagieren anteilig so viele Nutzer auf Ihre Inhalte. Nutzen Sie diese enge Beziehung aus und halten Sie den Kontakt. Gehen Sie auf Fragen ein, nehmen Sie die Rückmeldungen ernst und setzen Sie diese für neue Inhalte Ihrer Story ein. Profitieren Sie von diesen Möglichkeiten und bauen Sie sich eine Community auf. Sie werden schnell viele Fürsprecher für sich gewinnen, die Ihnen stets den Rücken stärken. Offenheit ist dafür eine wichtige Basis.

10 Snapchat-Regeln

1 **Geschichten erzählen** Halten Sie Ihre Story interessant und fesseln Sie die Nutzer bis zum Ende. Überlegen Sie sich genau, was Sie Ihren Zuschauern zeigen und mitgeben möchten. Vermeiden Sie es, zu weit auszuschweifen.

2 **Perspektive wechseln** Gestalten Sie Ihre Geschichte lebendig und wechseln Sie die Perspektiven. Zeigen Sie nicht nur Ihr eigenes Gesicht, sondern geben Sie den Zuschauern einen Eindruck von Ihrem Umfeld. Versuchen Sie das zu bebildern, wovon Sie sprechen. Erzählen Sie Ihre Geschichte mit einer Mischung aus Bildern und Videos.

3 **Seien Sie einfach Sie selbst** In Snapchat zeigen Sie den Moment so, wie er gerade stattfindet. Das zeichnet das Medium aus. Geben Sie sich so, wie Sie sind – nur so ist Ihre Story authentisch.

4 **Dem rotem Faden folgen** Ob Sie Ihren Alltag dokumentieren oder ein konkretes Thema erklären: Halten Sie sich an einen roten Faden und vermeiden Sie zu große Sprünge in Ihrem Beitrag. Wenn Sie Ihre Zuschauer im Büro begrüßen und im nächsten Snap plötzlich auf dem Schlepper sitzen, dann erklären Sie diesen Übergang.

5 **Wer quer snapt, fliegt** Snapchat ist mit der Bedienung und all seinen Funktionen für das Hochformat ausgerichtet – vermeiden Sie also Queraufnahmen. Orientieren Sie sich an Ihren Zuschauern und stellen Sie Inhalte entsprechend dar. Zuschauer werden das Handy beim Ansehen der Storys nicht drehen.

6 **Untertitel nicht vergessen** Viele Nutzer schauen die Snaps ohne Ton. Oft werden die Storys unterwegs angesehen und durch die Geräuschkulisse wird gar nicht verstanden, was Sie in Ihrem Kurzvideo sagen möchten. Schreiben Sie in Ihrem Snap die Kernaussage dazu.

7 **In die Kamera schauen** Wenn Sie sich selbst filmen, liegt es natürlich nahe, sich während der Aufnahme selbst zu betrachten. Schauen Sie jedoch lieber auf Ihren Zuschauer – schauen Sie in die Kamera!

8 **Filter und Lenses** Snapchat ist bekannt für die vielfältigen Möglichkeiten, die Aufnahmen zu verzieren. Nutzen Sie diese, um Ihre Aussagen oder Ihre Gemütslage zu unterstreichen.

9 **Auf Nutzer eingehen** Auf keinem anderen sozialen Netzwerk ist man so nahe an seinen Zuschauern wie auf Snapchat. Gehen Sie auf deren Nachrichten ein und fragen Sie, was sie interessiert. Bringen Sie ihnen Aufmerksamkeit entgegen und sie werden ein treuer Teil Ihrer Community.

10 **Offen sein** Snapchat rollt in regelmäßigen Abständen neue Funktionen und Filter aus. Trauen Sie sich, mit der App zu experimentieren und probieren Sie Neues aus. Seien Sie offen, wenn etwas Außergewöhnliches stattfindet und sich spontan eine neue Geschichte ergibt.

Interview mit Lutz Staacke

Zu Lutz Staacke: siehe Interview S. 106.

Was hat Sie dazu bewogen, Snapchat zu nutzen?
Lutz Staacke: „Es hat mich schon sehr gereizt, dass Inhalte innerhalb von 24 Stunden verschwinden. Für mich ist Snapchat immer noch sehr authentisch, da ich eben nicht stundenlang damit beschäftigt bin, mein Bild zu bearbeiten.
Als Head of Social Media beim Deutschen Landwirtschaftsverlag gehört es für mich dazu, neue soziale Netzwerke zu testen und zu überlegen, wen ich dort wie erreichen kann. Das testet man natürlich erst einmal privat, sollte dann aber zusehen, dass man es auch mal beruflich aufsetzt.
Leider höre ich immer wieder von Social-Media-Verantwortlichen, dass sie Snapchat nicht mögen, da sie nicht verstehen, wie es funktioniert. Es sei nicht genügend intuitiv. So einen Satz sollte man als Social-Media-Manager aus seinem Repertoire verbannen. Es ist meine Aufgabe, soziale Netzwerke zu verstehen. Ich kann hinterher immer noch sagen: Snapchat ist Mist, weil zum Beispiel meine Zielgruppe dort nicht ist oder ich nicht die Botschaften senden kann, die ich will etc.“

Welche Funktionen nutzen Sie auf Snapchat?
Lutz Staacke: „Ich liebe Geofilter. Geofilter kann man zu seinem Content hinzufügen, wenn man die GPS-Position erfassen lässt und jemand bei dem Ort (oder Event) einen grafischen Sticker eingereicht hat. So kann man zum Beispiel in Hamburg sein Bild mit einem Anker verzieren lassen oder in München die Isar auf sein Video platzieren. Daneben verwende ich auch die Snapchat-Maps regelmäßig, um mir anzeigen zu lassen, welche öffentlichen Snaps in meiner Umgebung – oder wo auch immer – erstellt wurden.“

Was gilt es bei der Nutzung zu beachten?
Lutz Staacke: „Bevor man sich einen Account zulegt, sollte man wissen, wie man sich dort nennen möchte, denn eine Änderung des Benutzernamens ist hinterher nicht möglich. Zwar kann ich Lutz Staacke als Anzeigenamen festlegen, wenn ich aber mein Pseudonym kryptisch wähle, wird mich niemand finden, auch wenn man weiß, dass ich bei Snapchat bin.“

Was zeichnet Snapchat im Vergleich zu anderen Netzwerken aus?
Lutz Staacke: „Die spielerische Leichtigkeit und der Reiz, etwas zu verpassen – das finde ich sehr sympathisch. Dass Snapchat sich eben auf die Snaps konzentriert und nicht versucht, alles Mögliche in die App zu packen, so wie Facebook und Instagram. Außerdem habe ich das Gefühl, die Community ist wesentlich angenehmer und treuer ist als bei anderen Netzwerken."

Warum sollten auch andere Unternehmen Snapchat nutzen?
Lutz Staacke: „Es müssen gar nicht alle Unternehmen bei Snapchat vertreten sein. Wenn die Zielgruppe passt und ich spannende Geschichten erzählen kann – und weiß, wie das Netzwerk tickt –, dann spricht nichts dagegen, zu Snapchat zu gehen. Wir wollen bei Hofheld nicht 100 000 Menschen aus aller Welt erreichen, wir wollen junge Landwirte und Jugendliche erreichen, die sich für die Landwirtschaft interessieren."

Wie viel Aufwand nimmt Snapchat für Sie in Anspruch?
Lutz Staacke: „Das geht eigentlich immer so nebenbei. Nachdem ich dort nur bei besonderen Anlässen etwas teile, ist das ja auch nicht jeden Tag."

Interview mit Michael Höcker

Michael Höcker ist Leiter der Online-Marketing-Strategie im Landwirtschaftsverlag Münster. Dort beschäftigt er sich sehr intensiv mit der Digitalisierung von Medienunternehmen. Schwerpunkte hierbei sind soziale Netzwerke und Online-Marketing. Im Verlag arbeitet er eng mit den Redaktionen (top agrar, profi, Elite, SUS, Wochenblatt etc.) zusammen und entwickelt mit ihnen neue Ideen im Bereich Online und Social Media. Er absolviert derzeit ein nebenberufliches Master-Studium an der Berliner School of Management & Innovation im Bereich Digital Media Management & Online Marketing.

Was hat Sie dazu bewogen, Snapchat zu nutzen?

Michael Höcker: „Persönlich beschäftige ich mich sehr intensiv mit sozialen Medien. Als Snapchat zuerst in den USA aufkam und groß wurde, habe ich direkt angefangen, mich mit diesem Netzwerk zu beschäftigen. Ich fand den Ansatz, der so ziemlich allem widersprach, was ich bisher von sozialen Netzwerken kannte, sehr interessant. Es war das erste Mal, dass veröffentlichte Informationen wieder verschwinden und auf einmal Fotos nicht mehr im Querformat, sondern im Hochformat geteilt wurden. Weiterhin war (und ist die App auch heute noch) nicht direkt verständlich. Wer sich jedoch länger damit beschäftigt, erkennt dennoch die intuitive Nutzung. Snapchat war eines der ersten Netzwerke, die überwiegend auf einer Swipe-Funktion basieren; die Funktion war jedoch insbesondere am Anfang kaum etabliert. Mittlerweile ist das Swipen jedoch fast Standard. Insbesondere die Ansätze, Dinge anders zu machen, haben mich dazu bewogen, Snapchat zu nutzen.“

Michael Höcker ist Leiter der Online-Marketing-Strategie beim Landwirtschaftsverlag Münster. Quelle: Michael Höcker

Welche Funktionen nutzen Sie auf Snapchat?
Michael Höcker: „Am liebsten die Story-Funktion, aber auch das direkte Verschicken von Inhalten an Freunde und Bekannte. Dazu gehören natürlich gerne auch die Filter, mit denen man seine Nachricht kreativ gestalten kann."

Was gilt es bei der Nutzung zu beachten?
Michael Höcker: „Für neue Nutzer insbesondere: Dranbleiben! Snapchat ist sicherlich nicht schnell zu verstehen und hat eine eigene Community entwickelt. Wer sich jedoch damit beschäftigt und aktiv mitsnapt, wird sicherlich sehr viel Spaß am Umgang mit der App finden."

Was zeichnet Snapchat im Vergleich zu anderen Netzwerken aus?
Michael Höcker: „Snapchat halte ich persönlich für sehr innovativ, wenn es um die Entwicklung neuer Funktionen geht. Bisher haben alle anderen Netzwerke fast immer nur kopiert und keine eigenen neuen Features herausgebracht. Snapchat ist da deutlich kreativer."

Warum sollten auch andere Unternehmen Snapchat nutzen?
Michael Höcker: „Wer eine junge Zielgruppe erreichen möchte, muss selbst in den Netzwerken aktiv werden, wo diese zu finden ist. Da ist Snapchat eine der ersten Anlaufstellen. Weiterhin ist der direkte Dialog mit der Zielgruppe sehr interessant und informativ."

Was ist Ihr persönliches Highlight?
Michael Höcker: „Definitiv unsere takeover-Aktionen. Wir haben in der Vergangenheit immer mal wieder damit experimentiert und machen das noch heute. Mein persönliches Highlight waren definitiv die zwei Tage, an denen Thomas Fabry bei uns im Verlag war und wir gemeinsam einen takeover starteten. Darin haben wir der top-agrar-Community zusammen die Gesichter und Menschen hinter top agrar vorgestellt."

Wie viel Aufwand nimmt Snapchat für Sie in Anspruch?
Michael Höcker: „Der Aufwand ist meiner Einschätzung nach gering. Informationen lassen sich innerhalb weniger Augenblicke verbreiten. Zudem fühlt es sich bei mir nicht wie Aufwand an, das Netzwerk zu bespielen, sondern vielmehr gehört es zu meinem Alltag."

Storys auf Instagram, Facebook & Co.

Thomas Fabry

Nachdem Snapchat den Grundstein für die Story-Funktion gelegt hat, haben auch andere Plattformen nachgezogen. Allen voran das ohnehin sehr fotobasierte Netzwerk Instagram. Grundsätzlich lassen sich die Grundlagen des Storytellings auf verschiedene Plattformen übertragen. Oberflächlich gesehen unterscheidet sich die Story-Funktion auf Instagram nicht sehr von den Möglichkeiten, die auch Snapchat bietet. Der Kern beider Plattformen ist die Spontaneität, der Moment, der festgehalten wird. Dies und die Vergänglichkeit der Inhalte spiegeln den aktuellen Zeitgeist der Nutzer wider, die sich mit den Storys immer wieder neu erfinden können. Sowohl Snapchat als auch die Bilderplattform Instagram erreichen über Storys eine überwiegend junge Zielgruppe. Während Snapchat bei Jugendlichen zwischen 14 und 20 Jahren angesagt ist, findet sich auf Instagram ein tendenziell größeres Altersspektrum wieder.
Über unsere Plattform „Ich liebe Landwirtschaft" haben wir gemerkt, dass wir gerade die unter 20-Jährigen über Facebook nicht mehr so gut erreichen konnten. Als Reaktion darauf haben wir frühzeitig das Netzwerk Instagram herangezogen und berichten dort in den Storys über unseren Alltag.

Thomas Fabry liebt es, Storys auf Snapchat und Instagram zu posten.
Quelle: Anna Huber

Als ein Teil von Facebook verfügt Instagram über eine hohe Reichweite und eine breite Basis an Nutzern. Dementsprechend höher sind in der Regel auch die Aufrufzahlen der Storys. Bei Instagram gibt es zudem die Option, Unternehmen oder andere User zu suchen oder über relevante Hashtags ausfindig zu machen. Es ist darüber hinaus auch möglich, der Story eines bestimmten Hashtags zu folgen. Das ist zum Beispiel für die Agritechnica interessant. Folgen Sie der Story dieses Hashtags, sehen Sie alle öffentlichen Storys, in die dieses Schlagwort eingebaut wurde. Folgen Sie vor dem Messebesuch doch einmal dem Hashtag #agritechnica(+aktuelles Jahr) und schauen Sie, was andere Nutzer vom Messebesuch hochladen. Vielleicht bekommen Sie noch einen Geheimtipp zu einer Sache, die Sie unbedingt ansehen sollten.
In der Story können Sie über den Text andere Nutzer mit @Benutzername verlinken. Das bietet sich vor allem bei gemeinsamen Aktionen mit anderen Profilen an oder auch, wenn man einen anderen Account weiterempfehlen möchte. Zuschauer gelangen über das Tippen auf den Benutzernamen geradewegs zum Instagram-Profil. Als Beispiel sei hier das Profil von Julia Nissen genannt, die als „deichdeern_nordfriesland“ ganz geschickt zu anderen Profilen quer verlinkt. Eine gute Zusammenarbeit unter den Profilen wirkt sich neben dem rein menschlichen Aspekt auch positiv auf die Followerzahlen aus.
Eine klare Besonderheit gegenüber Snapchat sind die Live-Videos, die Sie über die Instagram-Story schalten können. Diese verschwinden sofort nach dem Ende des Streams und können nicht gespeichert werden. Eine kürzlich hinzugefügte Erweiterung ermöglicht jetzt sogar das freihändige Aufnehmen von Videos in den Storys. Snapchat bietet die Funktion einer Live-Übertragung derzeit nur ausgewählten Personen.
Die Reihenfolge, in der die Storys aufgeführt werden, wird bei Instagram durch einen Algorithmus bestimmt. Die Faktoren, die den Algorithmus beeinflussen, sind dabei unbekannt. Es kann dadurch zu auffällig schwankenden Zugriffszahlen kommen.
Auf Instagram können Sie Ihre eigenen Fotos und Videos aus dem Fotoalbum des Handys ohne Einschränkung durch einen Rand in die Story hochladen. Die Bilder und Videos werden über eine Länge von maximal 15 Sekunden angezeigt. Die Content-Erstellung über das Fotoalbum auf Instagram wirkt dem exklusiven Charakter der Inhalte entgegen. So ist die Story im Gegensatz zu Snapchat nicht ungedingt im Moment festgehalten. Mann kann sie auch vorab erstellen und bearbeiten, um sie zu einem eventuell ganz anderen Zeitpunkt zu zeigen.

Tipp

Eine Story ermöglicht den Zuschauern, direkt dabei zu sein. Inhalte sollten entsprechend in Echtzeit erstellt werden.

Auf Storys können Sie mit sogenannten „Quick Reactions" reagieren und dem Ersteller der Story dadurch zum Beispiel einen lachenden oder staunenden Emoji als private Nachricht zukommen lassen. Sie können auch mit einer Nachricht auf eine Story reagieren.
Zwar bietet Instagram verschiedene Gestaltungsmöglichkeiten, im direkten Vergleich beider Plattformen jedoch punktet Snapchat hinsichtlich der kreativen Filteroptionen und Geosticker. Ein großer Unterschied findet sich vor allem in der Klientel der Netzwerke. Snapchat ist derzeit noch deutlich jünger und verspielter als Instagram.

Tipp

Erzählen Sie Ihre Unternehmensstory: Wer hat das Unternehmen gegründet? Wofür steht das Unternehmen, was ist Ihre Philosophie, welches Produkt bieten Sie an?

Interview mit Michael Höcker

Zu Michael Höcker siehe Interview S. 124.

Was bedeutet Storytelling für Sie?

Michael Höcker: „Beim Storytelling geht es vereinfacht gesagt darum – wie der Name schon sagt – Geschichten zu erzählen. Mithilfe der Methode werden für Rezipienten Informationen in Form einer Geschichte aufbereitet und kommuniziert. Oftmals finden wir diese Methodik im Journalismus, aber auch im Marketing, in der PR und Werbung wieder. Das Ziel ist es, Informationen optimal zu vermitteln, damit sie möglichst lange im Gedächtnis bleiben. Durch den stetigen Anstieg der Masse von Informationen wird das zunehmend komplexer.
Storytelling hilft dabei, mit einer Botschaft gehört und verstanden zu werden. Insbesondere das Internet und die Sozialen Medien haben das Thema Storytelling für uns auf ein ganz neues Level gehoben. Durch neue Möglichkeiten, Funktionen und Netzwerke entstehen stetig neue Chancen und Potenziale, aber auch Risiken, die man eingehen muss. Für mich bedeutet Storytelling daher auch, permanent Neues zu probieren und Geschichten über verschiedene Wege zu verbreiten. Im Fokus steht dabei immer der konkrete Nutzen für uns als Unternehmen und den Rezipienten. Durch interessante Geschichten möchten wir unsere Zielgruppen dort erreichen, wo diese selbst aktiv sind. Zudem müssen wir aber auch Aufwand und Nutzen im Blick behalten."

Kann Öffentlichkeitsarbeit überhaupt noch ohne das Erzählen von Geschichten funktionieren, nur mit reinen Fakten?
Michael Höcker: „Menschen lieben Geschichten! Insbesondere in der Öffentlichkeitsarbeit ist das Erzählen von Geschichten ein wesentlicher Bestandteil. Durch das Verpacken von Fakten in eine interessante Geschichte lassen sich sehr viel mehr Menschen erreichen als durch ausschließliches Argumentieren mit Daten und Fakten. Dies gilt natürlich auch für die Landwirtschaft, die sich mit ihren Botschaften an Verbraucher richtet. Reine Fakten bleiben nicht so stark im Gedächtnis hängen wie eine spannende Geschichte, die die Fakten ‚verpackt'."

Wie kann Storytelling praktisch im Alltag der Landwirte aussehen?
Michael Höcker: „Im Alltag passieren immer wieder spannende und unterhaltsame Dinge. Landwirte können insbesondere über ihre praktische Arbeit berichten. In sozialen Netzwerken bietet sich dazu vor allem die Story-Funktion an, womit Snapchat bekannt geworden ist. Im praktischen Alltag können Landwirte so zum Beispiel über Aktivitäten oder Geschehnisse berichten. Das Spannende dabei ist sicherlich auch der Dialog mit den Nutzern. Oft erreichen den Landwirt auch konkrete Fragen vom Verbraucher oder anderen Zuschauern, die mehr über den Alltag erfahren wollen."

Ist jedes Netzwerk für Storytelling gleich gut geeignet?
Michael Höcker: „Prinzipiell eignen sich viele verschiedene Netzwerke für Storytelling – welches jedoch das beste oder geeignetste ist, kommt sicherlich auf die eigenen Ziele an. Weiterhin spielen auch die Verbreitung und die Nutzerzahlen eines Netzwerkes eine wichtige Rolle. Ganz konkret: Möchte ich als Landwirt zum Beispiel über die Story-Funktion diverser Netzwerke Öffentlichkeitsarbeit betreiben, sind die ersten Anlaufstellen definitiv Snapchat und Instagram. Facebook und WhatsApp bieten zwar dieselben Funktionen, werden jedoch kaum genutzt und haben in diesen Netzwerken kaum eine Relevanz.
Daher sind Überlegungen über die Art und Weise, wie und wo Storytelling betrieben werden soll, im Vorfeld wichtig und erfordern eine entsprechende Recherche."

YOUTUBE

YouTube

Thomas Fabry

Worauf basiert aus Sicht der Buchautoren der Erfolg von YouTube?

Jutta Zeisset: „Die weltweit größte Videoplattform YouTube kennt und nutzt fast jeder – ob als Ratgeber, Kochbuchersatz oder Yogalehrer – oder zum Anschauen von Katzenvideos."

Thomas Fabry: „Für mich ist YouTube ein wichtiges Element in der Weiterbildung."

Jutta Zeisset: „YouTube wird nicht immer als soziales Netzwerk wahrgenommen, dabei ist der Austausch mit der Community ein zentraler Baustein für den Erfolg."

Thomas Fabry: „Immer wieder höre ich: ‚Wir haben ein Video, machen wir doch einen YouTube-Kanal auf!' Denken Sie daran, YouTube ist ein soziales Netzwerk und lebt von der Kontinuität."

Jutta Zeisset: „Was früher das Fernsehen war, ist für junge Menschen heute der YouTube-Kanal. On-Demand ist ein großer Trend – YouTube hat den Grundstein gelegt und lebt heute davon."

Thomas Fabry: „Video geht immer. Wir leben in einer Zeit, in der wir überall mit Informationen konfrontiert werden. Diese werden nirgends so ansprechend verpackt wie im Videoformat."

Für YouTube verwenden Jutta Zeisset und Thomas Fabry Profi-Equipment.
Quelle: Anna Huber

Was macht YouTube so erfolgreich?

YouTube ist eine Videoplattform und gehört zu Google. Nutzer können sich kostenlos Videos ansehen, diese bewerten, kommentieren oder eigene Inhalte hochladen. Videos können auch ohne Registrierung angesehen werden.

Es gibt selbst erstellte Filme, Anleitungen, Trailer zu Kinofilmen, Musikvideos und sogar Filmausschnitte sind zu sehen. YouTube selbst besitzt keine Videos. Die Plattform lebt von den Inhalten, die Nutzer täglich dort zur Verfügung stellen. Nutzer sind auf YouTube also Produzent und Konsument zugleich.

Was früher der Kommentar in der Zeitung war, sind heute immer mehr die Beiträge erfolgreicher YouTube-Kanäle. Während die Zeitung lange als Informationsmedium schlechthin diente, zieht es heute immer mehr Menschen ins Internet, so auch zu YouTube, um sich dort zu informieren und verschiedene Meinungen einzuholen. Videos sprechen mehrere Sinne zugleich an und sind damit ein sehr wirksames Medium für die menschliche Aufnahmebereitschaft: Wir glauben eher, was wir gesehen und gehört haben. Zeitlich und über das Smartphone auch räumlich ständig abrufbare Videos machen die Plattform für Nutzer immer interessanter und YouTube ist damit auch zu einem starken Konkurrenten für das klassische Fernsehen geworden.

Die mobile Nutzung hat stark zugenommen: Die Hälfte der Nutzer ist via Smartphone bei YouTube unterwegs, und es werden immer mehr. Auf YouTube sind alle Altersgruppen vertreten, denn es gibt Videos zu allen möglichen verschiedenen Themen.

■ Warum eigentlich Video?

Vorteile
- authentisch
- das Gefühl, vor Ort zu sein
- emotionaler als Text
- eignen sich optimal für Unterhaltung

Nachteile
- relativ aufwendig in der Produktion
- schlecht für komplexe Zusammenhänge

YouTube-Basics

■ Startseite

Das zentrale Element der Plattform selbst ist die Startseite, von der aus man in alle Bereiche gelangen kann – ob mit oder ohne Profil: Grundsätzlich kann zunächst einmal jeder auf die Seite zugreifen.

Auf der Startseite bekommt der Besucher Videos vorgeschlagen oder er gibt Schlagwörter in die Suchleiste ein, um gezielt Ausschau zu halten. Neue Videos von Kanälen, denen man folgt, werden ebenfalls auf der Startseite aufgeführt.

Interaktion mit Videos

Wenn man das richtige Video gefunden und angeschaut hat, gibt es die Möglichkeit, mit diesem zu interagieren oder es außerhalb der Plattform mit Freunden zu teilen, zu bewerten oder zu kommentieren.

Kanal-Bereich

Innerhalb von YouTube kann zwischen der Besucher- und der Anbieterperspektive aus dem eigenen Kanal heraus unterschieden werden. Der Kanal-Bereich umfasst die Kanal-Informationen, hochgeladene Videos und ggf. Playlists, die erstellt wurden. Unter „Diskussion“ lassen sich Kommentare zu den Videos einsehen. Unter „Kanäle“ wird aufgeführt, welchem man folgt.

YouTube als soziales Netzwerk

Bevor es darum geht, die praktische Handhabung der Plattform näher zu erläutern, wollen wir zunächst über die strategischen Voraussetzungen sprechen. YouTube ist eine beliebte Plattform, um Videos in andere Netzwerke hineinzutragen oder sie auf Internetseiten einzubinden. Dabei sollten Sie sich bewusst sein, dass YouTube – genau wie Facebook, Twitter oder Instagram – zu den sozialen Netzwerken gehört. Wer einen YouTube-Kanal aufbaut (eine Community begeistert) und sich langfristig mit einem Thema beschäftigen möchte, muss seinen Fans regelmäßig neue Eindrücke und neues Wissen bieten. Über die Kommentare stehen Sie im direkten Dialog mit den Personen, die Ihrem Kanal folgen. Tauschen Sie sich mit ihnen aus, nehmen Sie ihre Anregungen ernst und schaffen Sie damit eine entscheidende Grundlage für den Erfolg Ihres YouTube-Kanals.

Kurz und knapp

- Suchbegriffe und automatische Vorschläge führen zum Thema.
- Der Nutzer kann gleichzeitig Besucher und Anbieter sein.
- Der Nutzer kann einen eigenen Kanal haben.
- Der Nutzer kann Beiträge kommentieren.
- Die Nutzung ist auch ohne Registrierung/Anmeldung möglich.

Erste Schritte

Zielgruppe

Wer etwas produziert, muss wissen, für wen er das tut. Wer ins Leere produziert, läuft Gefahr, dass sein Produkt niemanden interessiert. Überlegen Sie genau, was Ihre Ziele sind und wen Sie ansprechen wollen. Die Zielgruppe ist auch später für die Gestaltung der Videos wichtig, denn dieser Personengruppe sollen die Inhalte gefallen.

Beispiel: Sie betreiben einen landwirtschaftlichen Betrieb und wollen die Bewohner Ihres Ortes darüber informieren, was auf Ihrem Hof abläuft. Sie wollen die Hintergründe schildern, warum womöglich auch zu später Stunde noch Traktorenlärm auf den Straßen herrscht. Durch einfache Videos von Ihrem Betrieb können Sie die Hintergründe Ihrer Arbeit erläutern und somit die Akzeptanz erhöhen. Denn von außen sehen viele Menschen vielleicht nur den Lärm, nicht aber die Notwendigkeit der Arbeit und die Anstrengung bei der Produktion von Lebensmitteln, die oft noch stark durch Witterungsbedingungen bestimmt wird.

■ Themenfindung

Überlegen Sie, welche Inhalte Ihrer Idee oder Ihres Unternehmens für den Kanal relevant sind. Stellen Sie sich die Frage, mit welchen Videos Sie den Besuchern einen Mehrwert schaffen können. Die YouTube-Community wächst mit der Kontinuität. Halten Sie so viel wie möglich mit der Kamera fest und schaffen Sie neue Inhalte. Das bringt nicht nur einen Mehrwert für Ihren Kanal, denn auch Sie selbst entwickeln sich mit jedem Video weiter.

Ein erfolgreiches Beispiel der Branche ist der Kanal der Landesvereinigung der Milchwirtschaft in Niedersachsen „My KuhTube“. Hier werden Alltagssituationen, wie Melken, Kälber füttern und Futter mischen, gezeigt. Es werden aber auch für den Verbraucher außergewöhnliche Situationen vorgestellt, wie zum Beispiel eine Kälbergeburt oder ein Kuhfriseur. Gerade in der Landwirtschaft bietet es sich an, die Themen im Verlauf eines Bauernjahres zu gestalten. So können Sie immer darüber berichten, was in der jeweiligen Jahreszeit in Ihrem Betrieb zu tun ist. Das kann im Sommer die Ernte oder im Winter die Wartung und Pflege der Maschinen sein.

■ Namensfindung

Der Name, mit dem man auf YouTube auftritt, ist häufig schon durch vorhandene Strukturen außerhalb der Plattform vorgegeben. Wichtig ist, dass der Name individuell und prägnant ist. Es kann auch der Ihres Betriebs sein. Mit „My KuhTube“ haben die Milchviehhalter zum Beispiel ein geschicktes Wortspiel für ihre Plattform gefunden.

> Der Name kann im Nachhinein nicht mehr geändert werden – lassen Sie sich also mit dieser Entscheidung Zeit.

■ Profil anlegen

Das Anlegen eines Profils kann über die Startseite innerhalb weniger Minuten erfolgen. Um ein eigenes Konto anlegen zu können, sind Name, Geburtsdatum, E-Mail-Adresse, Geschlecht, Telefonnummer, Ort und Passwort erforderlich. YouTube schickt Ihnen nach dem Ausfüllen eine Bestätigungs-E-Mail, über die Sie direkt zu Ihrem neuen Profil gelangen. Sie sind dann mit Ihrem Profil auf YouTube angemeldet.

Kanal anlegen

Nach der Anmeldung auf YouTube können Sie über die Startseite einen eigenen Kanal anlegen. Um den Kanal zu erstellen, müssen Sie den Nutzungsbedingungen zustimmen und haben noch einmal die Option, einen vom Profil abweichenden Namen festzulegen. Dann ist der Kanal erstellt.

Kanal gestalten

Sie haben die Möglichkeit, Ihren Kanal mit einem Profilbild und einem Banner individuell zu gestalten. Das Profilbild sollte idealerweise in Bezug zum Kanalnamen stehen. Achten Sie darauf, dass es einfach gehalten ist und vermeiden Sie kleine Texte, die im Miniaturbild später nicht mehr zu erkennen sind. Für das Banner gibt YouTube bestimmte Maße vor, nach denen Sie sich richten müssen. Viele Kanäle nutzen die Bannerfläche, um den Namen, das Logo und das Thema noch einmal geschlossen aufzuführen.
Fügen Sie Ihrem Kanal eine aussagekräftige Beschreibung hinzu. Nutzer, die auf Sie aufmerksam werden, wissen sofort, welcher Inhalt sie erwartet. Die Beschreibung kann auf „Übersicht" im Anfangsfenster des Kanals hinzugefügt werden. Hier können Sie außerdem Links zu anderen Plattformen hinterlegen. Die Beschreibung ist immer öffentlich zu sehen.

Wichtige Einstellungen

Konto bestätigen für Video-Upload

Den Einstellungsbereich zu Ihrem neuen Kanal finden Sie im „Creator-Studio" unter dem Reiter „Kanal". Um zum Beispiel längere Videos hochladen zu können, müssen Sie zunächst das Konto bestätigen. Dazu bekommen Sie einen Freischaltcode als SMS an die von Ihnen hinterlegte Nummer gesendet. Nach diesem Schritt sind mehrere Funktionen für Ihren Kanal verfügbar.

Standardeinstellungen für Uploads anpassen

Unter „Standardeinstellungen für Uploads" können Sie Einstellungen vornehmen, die standardmäßig beim Hochladen eines neuen Videos übernommen werden. Hier können Sie eine treffende Kategorie auswählen sowie den Titelzusatz und die Beschreibung festlegen. Dies erleichtert die spätere Arbeit beim Hochladen des Videos deutlich. So können Sie in der Beschreibung Informationen zum Kanal und zu den Links hinterlegen und müssen dann nur noch mit ein paar Sätzen eine individuelle Videoinformation ergänzen. Dasselbe gilt für Tags bzw. Schlagwörter, die für die Auffindbarkeit Ihrer Videos von entscheidender Bedeutung sind. Ebenso können Sie Einstellungen zu Aufnahmeort, Sprache, Kommentaren oder Bewertungen vornehmen.

Inhalte herausstellen
Über die Kategorie „Inhalte herausstellen" können Sie Zuschauern ein anderes Video Ihres Kanals empfehlen. Das von Ihnen ausgewählte Video wird dem Zuschauer am Ende oder zu einer gewünschten Zeit im gerade abgespielten Video eingeblendet.

Branding
In der Kategorie „Branding" können Sie Ihr Logo oder Profilbild hinterlegen, das dann im Video eingeblendet wird und eine direkte Verlinkung zu Ihrem Kanal herstellt.

Erweiterte Einstellungen
Unter „Erweitert" hinterlegen Sie, in welchem Land Sie ansässig sind, Weiterhin können Sie Stichwörter zum Kanal eingeben, die wiederum die Auffindbarkeit verbessern. Hier können Sie auch einstellen, dass neben den eigenen Videos keine Werbung geschaltet werden soll.

Tipp

Haben Sie die oben beschriebenen Punkte gründlich abgearbeitet, ist eine solide Basis für Ihren eigenen Kanal geschaffen. Seien Sie sich bewusst, dass diese Schritte nur ein kleines Spektrum der vielen Möglichkeiten abdecken, die YouTube mit sich bringt. Es wird immer wieder neue Features geben, die auch zu Änderungen der Benutzeroberfläche führen. Es ist daher wichtig, dass Sie sich als ein Teil des Netzwerks sehen und sich damit identifizieren. Schauen Sie, was Kanäle mit vergleichbaren Themen machen, lassen Sie sich inspirieren und nehmen Sie Ihren Mut zusammen, auch mal etwas Neues auszuprobieren.

Creater-Studio

Das „Creater-Studio" oder „You-Tube-Studio" ist der Mittelpunkt Ihres Kanals. Neben den Einstellungen, die Sie hier bereits vorgenommen haben, bringt der Bereich viele weitere Möglichkeiten mit sich, die Sie für die laufende Anwendung benötigen. Hier bekommen Sie eine grobe Übersicht über neue Kanalbenachrichtigungen, Statistiken zum Kanal oder die letzten Videos sowie über neue Kommentare, Tipps und Funktionen.

Videomanager
Über den Videomanager haben Sie zunächst eine Auflistung Ihrer Videos und Playlists. Diese können hier verwaltet und angepasst werden. Es ist möglich, eine Änderung gleichzeitig bei mehreren ausgewählten Videos vorzunehmen.

Livestreaming

YouTube bietet Livestreaming an. Um die Funktion nutzen zu können, ist neben der Bestätigung des Kanals lediglich eine Aktivierung im „Creator-Studio" nötig. Weiter ist es für die Übertragung auf YouTube erforderlich, eine Kodierungssoftware herunterzuladen. Damit können Inhalte von einem Bildschirm oder einer Kamera aufgezeichnet und dann an YouTube weitergegeben werden. YouTube schlägt Ihnen diese an entsprechender Stelle vor.

Sie können bei der Liveübertragung zwischen „Jetzt streamen", „Veranstaltung" und „Mobil" unterscheiden. Bei „Jetzt streamen" handelt es sich um eine einfache Option, die sich mit wenigen Klicks starten lässt. Durch eine einmalige Einrichtung des Livestreams habe Sie die Möglichkeit, Arbeitsabläufe zu vereinfachen und den Livestream später immer wieder zu starten. Zur Adresse des Kanals kann man die Endung „/live" hinzufügen und die Übertragung somit einfach auf anderen Netzwerken teilen.

Zum Streaming können ein Titel, eine Beschreibung und ein Thumbnail bereitgestellt werden. Während der Liveschaltung können Sie mit Zuschauern interagieren und die Aufrufe in Echtzeit analysieren.

Das Streaming als „Veranstaltung" hat den Vorteil, dass Sie sich vor dem Start eine Vorschau ansehen können. Bei Problemen werden erstellte Sicherungsstreams eingeblendet. Diese Live-Schaltung ist vergleichsweise aufwendig, bringt jedoch auch viele Kontrollmöglichkeiten mit sich. Sie entscheiden, zu welchem Datum und welcher Uhrzeit die Übertragung startet und wann diese endet.

Die Möglichkeit „Mobile" setzt die Verwendung eines Mobilgeräts voraus und kann mit einem Klick über die Kamera des Geräts gestartet werden. Wichtig ist bei dieser Variante eine stabile Internetverbindung, um ein flüssiges Bild übertragen zu können. Nach dem Streaming haben Sie die Möglichkeit, das Video zu speichern oder zu verwerfen.

Tipp

Mobiles Streaming funktioniert erst, wenn Sie mindestens 25 Abonnenten haben.

Rechtliche Rahmenbedingungen für Liveübertragung

Auf YouTube dürfen Sie keine Inhalte Dritter, wie zum Beispiel Pay-TV-Beiträge, Kinofilme oder sonstige urheberrechtlich geschützte Dateien, live übertragen. Gleiches gilt auch für alle anderen Videos, die Sie veröffentlichen. Achten Sie daher unbedingt auf die Urheberrechte.

Bedenken Sie auch, welche Rechte auf eingespielter Musik liegen. Die Verwendung von GEMA-geschützter Musik ohne die dafür notwendige Lizenz gilt als Urheberrechtsverletzung.

Personen, die während der Übertragung zu erkennen sind, sollten dieser Aufzeichnung im Vorfeld zugestimmt haben. Die beste Absicherung bekommen Sie hier durch eine schriftliche Einverständniserklärung. Diese beinhaltet unter anderem Angaben zu der Person/dem Unternehmen, welche/s das Video erstellt, Angaben zur abzubildenden Person und zur Ausstrahlung des Videos.
Unter dem Stichwort „Modelrelease“ finden Sie entsprechende Vordrucke im Internet. Beachten Sie bitte hier die rechtlichen Hinweise im Kapitel „Rechtliche Grundlagen“ (s. S. 162).
Rechtlich nicht eindeutig formuliert ist speziell bei YouTube die Frage zu einer Sendelizenz. Da es über das Internet potenziell möglich ist, eine große Anzahl an Zuschauern zu erreichen, kann gerade bei regelmäßigen Übertragungen eine Sendelizenz erforderlich sein.

Springen viele Zuschauer schon früh oder bei einer ganz bestimmten Stelle im Video ab, so können Sie daraus Erkenntnisse für die zukünftige Gestaltung Ihrer Videos gewinnen. Hier könnte es zum Beispiel daran liegen, dass es zu lange dauert, bis Sie auf das eigentliche Thema kommen oder dass die Schnitte der einzelnen Sequenzen zu lang sind, sodass die Spannung abfällt.

Analytics

Die Statistiken (Analytics), die das „Creator-Studio“ mit sich bringt, sind äußerst umfangreich. Wichtige Erkenntnisse können Sie hier vor allem aus der Wiedergabedauer erhalten. Diese verschafft Ihnen einen Überblick, wie lange Zuschauer Ihre Videos durchschnittlich anschauen.

Tipp

Erfahrungen zeigen, dass gerade die ersten Sekunden darüber entscheiden, ob der Zuschauer das Video weiterschaut oder zum nächsten wechselt. Daher sollten Sie Ihr (YouTube-)Video mit einem kleinen Teaser beginnen, womit Sie zunächst eine kurze Übersicht darüber geben, was die Zuschauer erwartet. Ein Teaser soll das Interesse für das Video wecken und neugierig darauf machen. Innerhalb der ersten drei Sekunden sollte klar sein, worum es in dem Video geht.

In diesem Bereich bekommen Sie außerdem eine Übersicht, wie Ihre Videos bewertet werden und wie häufig Nutzer damit interagieren. Auch ein Vergleich zwischen den Analysen über einen längeren Zeitraum hinweg sind hier möglich. Weiter können Informationen über die Community gesammelt werden. Gleichen Sie die von Ihnen gesteckte Zielgruppe mit den Nutzern ab, die Sie mit Ihren Videos tatsächlich erreicht haben.

Untertitel

Unter den Funktionen „Übersetzungen“ und „Untertitel“ kann die Community eingebunden werden, um zu den von Ihnen hochgeladenen Videos Untertitel zu erstellen. Über „Meine Beiträge“ können Sie selbst Untertitel zu anderen Videos der Plattform erstellen.

> **Tipp**
>
> Der Konsum von Videos erfolgt immer mehr über das Smartphone und gleichzeitig auch verstärkt ohne die Wiedergabe von Ton. Es ist daher von großer Bedeutung, zum Video entsprechende Untertitel mitzuliefern. Um diese zu erstellen, fehlen häufig jedoch die richtigen Programme. YouTube hat die Untertitel-Funktion sehr gut ausgebaut und ermöglicht es, diese direkt für das hochgeladene Video zu erstellen. Den fertigen Text können Sie dann sogar als „srt-Datei" herunterladen und ihn auch nutzen, wenn Sie das Video parallel auf Facebook posten wollen. Achten Sie dabei auf die korrekte Endung der Datei. Damit Facebook den Untertitel in der richtigen Sprache erkennt, müssen Sie die Datei in „DATEINAME.de_DE.srt" umbenennen. Wenn Sie das Video nur auf Facebook veröffentlichen möchten, aber trotzdem von diesem Tool Gebrauch machen wollen, dann laden Sie das Video als „privat" auf YouTube hoch, um dort den Untertitel zu erstellen. Danach löschen Sie es wieder.

■ Video-Tools

Ein weiterer und sehr wichtiger Bereich im „Creator-Studio" sind die Video-Tools. Hier haben Sie Zugang zu einer großen Musikbibliothek, die Sie für Ihre Videos verwenden können.

Musik und Soundeffekte aus der Audiobibliothek darf man kostenlos und lizenzfrei verwenden. Bei einigen Werken ist es erforderlich, dass der Künstler im Video namentlich genannt wird, was von YouTube entsprechend gekennzeichnet ist.

■ Community-Verwaltung

Die Verwaltung der Community erfolgt ebenfalls über das „Creator-Studio". Hier bekommen Sie einen Überblick über Kommentare, Nachrichten und Ihre Abonnenten. Sie haben die Möglichkeit, Kommentare zu löschen oder zu überprüfende Kommentare freizuschalten. Sie können ein- und ausgehende Nachrichten einsehen und haben im Nachrichtenbereich die Möglichkeit, Wörter zu hinterlegen, die dazu führen, dass eine Meldung oder ein Kommentar zur Überprüfung zurückgehalten wird. Auch blockierte Nutzer und weitere Einstellungen zu Kommentaren sind hier aufgelistet.

Gerade bei Themen der Tierhaltung erleben wir es leider immer wieder, dass Nutzer sich nicht an die Regeln eines sachlich respektvollen Dialogs halten und mit Äußerungen unangenehm auffallen. Nutzen Sie die Funktion von YouTube, um unangebrachte Bemerkungen bereits vorbeugend von Ihrer Seite fernzuhalten. Das ist ein Mehrwert für Sie und für alle anderen Nutzer, die einen vernünftigen Austausch suchen. Mögliche Kritik kann man nie zu 100 Prozent ausschließen. Bleiben Sie stets sachlich und lassen Sie manches nicht zu nahe an sich herankommen, dann werden Sie in jedem Fall gestärkt daraus hervorgehen.

Community aufbauen

Kurz und knapp

Die Community macht Ihren Kanal aus. Der Kanal lebt und wächst mit den Nutzern, mit denen Sie interagieren.

- Den Dialog zu Ihren Fans können Sie schon über das Video finden: Sprechen Sie die Zuschauer direkt an.
- Stellen Sie Fragen und animieren Sie die Nutzer zum Austausch über die Kommentare.
- Schenken Sie ihnen Beachtung und binden Sie die Kommentare als Zitat in die Videos ein oder nutzen diese sogar als Themenfindung für neue Inhalte.

Beispiel: Der Kanal „agriKULTUR“ hat ein Video über die Geburt eines Kalbes gedreht. Die Zuschauer durften im Anschluss einen Namen einreichen, der in einem folgenden Video ausgelost wurde. Man konnte später immer wieder Videos über das Leben des Kalbs „Pebbles“ sehen – so nahmen die Zuschauer an seinem Leben teil und erlebten sogar mit, wie es später selbst ein Kalb bekam. Eine schöne Idee, Zuschauer an den eigenen Kanal zu binden.

Wie gewinnt man Fans?

In den sozialen Netzwerken ist grundsätzlich jedes Profil gleich, wodurch ein Austausch auf Augenhöhe erfolgt. Anerkennung aus diesem Umfeld hat dadurch einen besonders hohen Stellenwert. YouTube ist Dialog und keine Einbahnstraße: Teilen und teilhaben lassen. Je stärker Sie die Nutzer einbeziehen, desto stärker identifizieren sie sich mit Ihrem Kanal und empfehlen ihn weiter. Ihre YouTube-Community wächst in erster Linie durch Zuschauer, die Sie an Freunde und Bekannte weiterempfehlen.

Der nächste Zulauf kommt in der Regel vorrangig durch einzelne Videos, die außerhalb von YouTube geteilt wurden. Es muss nicht das Ziel sein, so schnell wie möglich eine große Gefolgschaft aufzubauen. Qualität geht auch hier vor Quantität. Haben Sie Geduld und stellen Sie Ihre Fans zufrieden, dann wird der Kanal von selbst wachsen. Wählen Sie Ihre Sprache dem Thema und der Zielgruppe entsprechend. Auch der Zeitpunkt der Veröffentlichung orientiert sich nicht zuletzt stark an der Zielgruppe. Zuschauer mögen regelmäßige Beiträge, die idealerweise zu festgelegten Zeitpunkten veröffentlicht werden. Motive für die Nutzung von YouTube lassen sich häufig auf die Bereiche Hobby oder Beruf zurückführen. Nutzer mit akuten Problemen greifen auf Tutorials zurück oder wollen sich zu bestimmten Themen informieren: Schauen Sie mal, was Sie auf YouTube finden, wenn Sie „Mähwerk richtig einstellen“ ins Suchfeld schreiben.

Unterschiedliche Interessen von weiblichen und männlichen Usern
Große Unterschiede gibt es bei der Community vor allem zwischen den Geschlechtern. Während Frauen verstärkt Videos aus dem Mode-, Do-it-yourself- und Beautybereich konsumieren, liegt der Schwerpunkt der Männer eher bei der Automobil- oder IT-Branche. Ein großes, immer weiter wachsendes Feld sind die E-Games, die über Videos als Tutorial, Rezension oder Trailer gezeigt werden.

Video-Grundlagen

Je stärker die Individualisierung, desto größer ist auch der Wunsch nach Verbundenheit.

Machen Sie sich bewusst, dass die Gemeinschaft nicht über Nacht wächst. Gehen Sie also mit einer realistischen Erwartungshaltung an Ihr erstes Projekt heran und erhoffen Sie sich noch nicht zu viele Aufrufe. Allgemein ist es so, dass nur wenige Videos wirklich einen Netzwerkeffekt auslösen und Aufrufe in Millionenhöhe erreichen. Es ist wichtiger, genau die Personen zu erreichen, die Sie mit dem Video ansprechen wollen, als unbedingt die breite Masse zu bekommen.

Bleiben Sie beim Thema
Sie haben Ihren Kanal im Vorfeld auf ein bestimmtes Thema ausgerichtet. Halten Sie sich an Ihre Ziele und an das, worum es Ihnen bei dem Kanal geht. Besondere Ereignisse oder aktuelle Trends können schnell dazu führen, von diesem Thema abzuweichen und damit auch die Interessen der aufgebauten Community zu verfehlen. Menschen folgen Ihnen mit einer bestimmten Erwartungshaltung. Wenn Sie zeigen, was auf Ihrem Hof los ist und was zu bestimmten Jahreszeiten bei Ihnen anfällt, wirkt es nur irritierend, wenn jedes dritte Video zum Beispiel von Autos handelt. Zum Start des Kanals ist es daher empfehlenswert, mehrere Videos zugleich hochzuladen, um Ihr Thema somit gleich ersichtlich zu machen.

Was ist relevant?
Eine gute Orientierung über die Relevanz eines Themas können die Nachrichtenwerte geben. Die Aktualität spielt hier eine wichtige Rolle. Berichten Sie zum Beispiel von einer Veranstaltung oder einer Messe, dann sollte der Videobeitrag relativ zeitnah dazu erscheinen. Der Nachrichtenwert Ihres Videos steigt auch mit Überraschungen, mit denen Nutzer nicht gerechnet haben. Auch das Gespräch mit einer prominenten Person kann den Wert Ihres Beitrags steigern. Versetzen Sie sich immer in die Person, für die das Video gedacht ist. Oft ist es so, dass man als Landwirt sehr technikversiert ist, wobei sich der klassische Verbraucher vielleicht viel stärker dafür interessiert, was bei den Tieren los ist.

Regelmäßige Beiträge verfassen
Gerade bei Video-Blogs über Ihre Arbeit sollten Sie Routinearbeiten nicht zu häufig zeigen. Das bedeutet nicht, dass das Melken nicht zu

sehen sein darf. Achten Sie jedoch auf Abwechslung, geben Sie dem Video ein Schwerpunktthema und zeigen Sie die Dinge, die sich nicht täglich wiederholen: der Besuch eines Tierarztes, die Grasernte, die Milchkontrolle oder der Frühjahrsputz auf Ihrem Hof. Themen können sich auch aus dem Gespräch mit den Nachbarn oder der Familie ergeben. Fragen Sie einfach einmal nach, was Menschen aus Ihrem Umfeld über Ihren Hof sehen wollen.
Gerade in der Landwirtschaft bieten die Jahreszeiten schon viele mögliche Anknüpfungspunkte für neue Videos. Erzählen Sie den Zuschauern, was gerade auf dem Hof los ist. Greifen Sie aktuelle Themen auf oder dokumentieren Sie Ihren Alltag.
Kontinuität ist für den Aufbau des Kanals sehr wichtig. Mindestens ein Beitrag sollte zu einem festen Zeitpunkt in der Woche hochgeladen werden.

Thomas Fabry als FABRYKANT bei der Bearbeitung von Videos. Quelle: Anna Huber

10 YouTube-Regeln

1 **Mit dem Zuschauer sprechen** YouTube wird häufig nicht als soziales Netzwerk wahrgenommen, da man sich Videos auch ohne Profil ansehen kann. Wenn es allerdings um den Aufbau eines Kanals geht, stellt der „soziale" Austausch über die Kommentare innerhalb des „Netzwerks" eine besondere Rolle dar. Für den Aufbau einer Community ist es wichtig, den Zuschauern das Gefühl zu geben, dazuzugehören. Sprechen Sie die User direkt an, stellen Sie Fragen und animieren Sie diese dazu, einen Kommentar zu hinterlassen. Im Idealfall entwickelt sich eine Dynamik und Sie gewinnen neuen Input für die nächsten Videos.

2 **Authentisch sein** Es gibt das Sprichwort: „Versuche nicht perfekt zu sein, denn das bist du schon." Geben Sie sich so, wie Sie sind, denn nur so können Sie nachhaltig ein glaubwürdiger Ansprechpartner für Ihr Thema sein.

3 **Geduld haben** Setzen Sie die Erwartungen zu Beginn nicht zu hoch. Es ist vielleicht nicht die leichteste Zeit, Videos hochzuladen, die nur von wenigen Zuschauern geklickt werden. Haben Sie Geduld, bis sich der Kanal herumspricht.

4 **Besonderheit schaffen** Sie können sich gerne von anderen Kanälen inspirieren lassen, doch bleiben Sie sich selbst dabei treu.

5 **Aufmerksamkeit halten** Sie werden sich mit jedem Video technisch weiterentwickeln. Suchen Sie aufmerksam nach neuen Themen und halten Sie sich damit interessant.

6 **Lebhaft gestalten** Beachten Sie die Grundlagen der Videogestaltung, aber trauen Sie sich auch ruhig mal, etwas Neues auszuprobieren. Für gute Kommunikation muss man sich gelegentlich angreifbar machen. Zeigen Sie auch mal Ecken und Kanten.

7 **Interagieren** Beginnen Nutzer, Ihre Videos zu kommentieren, dann gehen Sie darauf ein. Berücksichtigen Sie die Kommentare in den Videos und die Menschen fühlen sich ernst genommen.

8 **Videos angemessen präsentieren** Achten Sie auf einen aussagekräftigen Titel und ein ansprechendes Miniaturbild. Versprechen Sie damit aber auch nicht zu viel.

9 **Verlinkungen schaffen** Wenn Sie in dem Video zum Beispiel auf einen Artikel oder ein anderes Video verweisen, können Sie dieses auf YouTube direkt im Wiedergabebereich verlinken.

10 **Beim Thema bleiben** Wenn Sie über Alltagssituationen auf Ihrem Hof berichten, sollten Sie thematisch nicht ständig abschweifen (zum Beispiel Autos, neue Technik) Nutzer abonnieren Sie, weil sie bestimmte Erwartungen an Ihren Kanal haben.

Überlegungen vor dem Dreh

Ein Film entsteht niemals zufällig. Im Vorfeld haben Sie bereits genau abgesteckt, welches Thema sich für Ihr nächstes Video anbietet. Was muss man also vor einem Videodreh bedenken?

- Welches Equipment benötigen Sie für den Dreh?
- Über ein Drehbuch können Sie gewährleisten, dass keine Aufnahme vergessen wird, die sich womöglich im Nachhinein nicht wiederholen lässt.
- Um den Zuschauer zu binden, ist es ratsam, die Inhalte in eine Geschichte zu betten. Die Bedeutung des Storytellings wurde bereits in einem vorangegangenen Kapitel erläutert und lässt sich in weiten Teilen auch auf die Produktion von YouTube-Videos übertragen.

Ideen sammeln

Beginnen Sie zunächst damit, Ideen zu Ihrem Video zu sammeln. Schreiben Sie alles auf, was Ihnen zum Thema einfällt. Schauen Sie sich, wenn vorhanden, Videos zum ausgewählten Aspekt an und lassen Sie sich inspirieren. Auch hier sei nochmals auf die verschiedenen Kanäle, die sich in der Branche etabliert haben, verwiesen: Clip my Farm, SIbbershusum, agriKULTUR, Bocholter Landschwein oder My KuhTube.

Starten Sie doch zum Beispiel eine Videoreihe darüber, was alles auf dem Acker erfolgen muss, bis man im Sommer das Getreide ernten kann. Die Zuschauer werden dann auch die Hintergründe des Pflanzenschutzes oder der Gülleausbringung besser verstehen, wenn sie von Ihnen erklärt bekommen, dass es eine notwendige Maßnahme für die spätere Ernte ist. Niemand kann das so gut erklären wie der praktizierende Landwirt selbst. Das „Forum moderne Landwirtschaft“ erzählt die Geschichten dabei zum Beispiel immer vom Verbraucher aus. So können Sie die Menschen über das Brot, welches sie täglich konsumieren, einfangen, und Schritt für Schritt darstellen, was vom Feld bis zum Frühstückstisch alles passieren muss.

Welche Botschaft wollen Sie transportieren?

Die Frage ist immer: Wer soll das Video sehen und was soll es bei dieser Person auslösen? Halten Sie sich ein klares Ziel vor Augen und formulieren daraus eine Kernbotschaft. Um diese Aussage bauen Sie dann das Video.

Machen Sie neugierig

Viele YouTuber geben zu Beginn einen kurzen Einblick, worum es im Video geht, um die Aufmerksamkeit der Zuschauer zu gewinnen. Fassen Sie sich kurz oder bauen Sie einen „Schocker" ein, der den Zuschauern Lust auf mehr macht.
Wenn Sie ein Video über die Geburt eines Kalbes zeigen wollen, sollten Sie schon zu Beginn einen kleinen Ausschnitt davon präsentieren. Geht es um die Ernte, dann schneiden Sie ein paar kurze Eindrücke heraus, um Ihr Video gleich von Anfang an attraktiv zu machen. Gleiches gilt natürlich auch für den Titel und das Miniaturbild.

Was zeichnet Sie aus?

Ich persönlich finde es in der Einleitung schön, ein wiederkehrendes Element zu haben. Das kann Ihr Logo sein, ein besonderer Schriftzug, ein Lied oder ein bestimmter Ort auf dem Hof. Überlegen Sie, was Sie auszeichnet und setzen Sie das in Szene. Vielleicht wurden Sie ja sogar schon einmal von Außenstehenden darauf angesprochen.

Was Sie noch beachten sollten

Bauen Sie einen Spannungsbogen auf, der sich bis zum Ende des Videos halten sollte. Wendepunkte und Überraschungsmomente machen ein Video lebhaft. Während des gesamten Videos sollten Sie sich an einem erkennbaren roten Faden orientieren. Gerade wenn Sie sich an den Verbraucher richten, sollten Sie vom Allgemeinen ins Detail gehen. Was eine Strohablage ist, werden Zuschauer wohl erst verstehen, wenn die Getreideernte zuvor im Allgemeinen erklärt wurde. Beschreiben Sie es mit einfachen Worten, vermeiden Sie Fachausdrücke oder erklären Sie diese. Gerade in der Tierhaltung neigt man dazu, ökonomische Begriffe unbewusst mit in den Wortschatz aufzunehmen. Kontrollieren Sie stetig selbst, welche Begrifflichkeiten Sie verwenden und welche Wirkung diese bei Ihrem Gegenüber auslösen können.
So können die Wörter „Bestandsdichte" oder „Produktion" in Bezug auf Tiere sehr befremdlich wirken. Achten Sie bei der Gestaltung des Videos außerdem darauf, was im Vorfeld über Storytelling gesagt wurde.

Das Handwerkszeug

Der Schlüsselpunkt zu einem guten Video ist nicht in erster Linie vom Einkaufspreis der Kamera abhängig. Ein Gespür für interessante Geschichten und die Stimmigkeit von Perspektive, Schnitt und Ton tragen einen großen Teil zu Ihrem Video bei. Dennoch ist die Kamera als Aufnahmegerät das Herzstück Ihrer Videoproduktion. Die Zusammenstellung des Equipments hängt vor allem davon ab, was Sie zeigen wollen. Dabei gibt es keine „Eier legende Wollmilchsau“ für jedes Einsatzgebiet.

Die richtige Kamera

Die beste Kamera tragen Sie häufig in der Tasche. Die Videofunktion des Smartphones wird immer noch viel zu sehr unterschätzt. Nur weil eine Digitalkamera ausschließlich dafür gemacht ist, heißt es nicht, dass sie das bessere Ergebnis abliefert. Mehr zum Thema „Video mit dem Smartphone“ lesen Sie weiter hinten.
Auf YouTube hat sich verstärkt das Filmen mit System- oder Spiegelreflexkameras (DSLM/DSLR) etabliert. Schon für einen überschaubaren Preis bekommen Sie eine Kamera, die mindestens Full HD aufzeichnen sollte. Die Spiegelreflexkamera bekommen Sie über genormte Anschlüsse auf jedes handelsübliche Stativ montiert.

Belichtung

Gerade wenn Sie unter schwierigen Lichtverhältnissen drehen, kann es schnell dazu führen, dass Sie ein Rauschen in das Bild bekommen oder einzelne Bereiche schlichtweg nicht mehr zu erkennen sind. Hier kann es von Vorteil sein, sich ein lichtstarkes Objektiv anzuschaffen. Für Objektive gilt: Je größer die Blende, desto höher der Lichteinfall. Die Blende wird zum Beispiel mit „f 2.0“ angegeben. Je kleiner dieser Wert ist, desto größer ist die Blende. Bei Objektiven mit Zoom ist es außerdem häufig so, dass die Blende mit dem Herauszoomen kleiner und das Bild dadurch dunkler wird. Ob im Stall oder in Hallen – bei Videoaufnahmen verwende ich in der Regel Objektive mit Blenden unter f 2.0. Abhilfe können neben dem Stativ auch weitere Lichtquellen schaffen. Teilweise kann es schon ausreichen, das vorhandene Licht mit einem Reflektor in die richtige Richtung zu lenken. Es genügt sogar eine alte Rettungsfolie aus einem Verbandskasten, die man über eine dünne Platte spannen und damit den Lichteinfall steuern kann. Die Preisunterschiede zwischen den Kameras machen sich gerade bei einem Dreh unter schwierigen Lichtverhältnissen klar bemerkbar. Auch wenn das Einfangen von Sonnenstrahlen ein beliebtes Motiv ist, kommen gerade einfache Kameras hier häufig an ihre Grenzen.

Ton

Schauen Sie sich einmal den Aufbau Ihrer Kamera oder Ihres Handys genau an und achten Sie darauf, wo sich das Mikrofon befindet. Häufig ist dies relativ versteckt an der Seite angebracht. Dementsprechend wird dann auch der Ton aufgezeichnet – und zwar nicht der Ton von der Person, die vor der Kamera steht, sondern von allem, was sich um das Gerät herum abspielt. Es ist daher unbedingt zu empfehlen, ein externes Mikrofon zu verwenden. Eine einfache Variante für Kamera oder auch Smartphone ist das Anbringen eines Richtmikrofons. Ein Richtmikrofon können Sie einfach auf den Blitzschuh der Kamera montieren und somit alle Geräusche aufzeichnen, auf die die Kamera mit Mikrofon gerichtet wird. Versuchen Sie immer, die Umgebungsgeräusche mit einzufangen, wenn nicht gesprochen wird. Mit diesen Aufnahmen können Sie dem Video später beim Schnitt den letzten Schliff verpassen.

Musikauswahl

Bei der Gestaltung des Videos sollten Sie insgesamt auf die Stimmigkeit achten. Das beginnt bei der Auswahl der Musik. Über das „Creator-Studio" steht Ihnen eine breite Auswahl an Musik kostenlos zur Verfügung. Achten Sie auch bei der Musikwahl auf Ihre Zielgruppe. Landtechnikvideos sind häufig durch eine imposante und technische Musik geprägt und legen den Fokus sehr auf die Maschine. Für Landwirte kann das ein ansprechendes Video sein, für einen „landwirtschaftsfernen" Zuschauer eher weniger. Passen Sie die Musikauswahl daher den Menschen an, die hinter Ihrer Zielgruppe stehen.
Neben der Musik von YouTube sind audiojungle.net oder musicbed.com zum Beispiel gute Plattformen, auf denen Sie hochwertige Musik für relativ kleine Beträge kaufen können.

Perspektive

Manchmal ist weniger mehr.

Gerade wenn man mit dem Drehen von Videos beginnt, fällt es einem erfahrungsgemäß schwer, sich von aufgenommenem Material zu trennen. Die immer kürzere Aufmerksamkeitsspanne der Zuschauer lässt es kaum noch zu, einen Schlepper bei seiner Fahrt übers Feld aus vielen verschiedenen Perspektiven zu zeigen. Überlegen Sie bei jeder Sequenz, ob sie für die Aussage Ihres Videos von Bedeutung ist. Schauen Sie sich zum Vergleich einmal Werbung an und achten Sie darauf, wie Storytelling dort in wenigen Sekunden funktionieren kann. Es werden gezielt Emotionen geweckt, da wir uns mit den gezeigten Situationen und den Darstellern identifizieren können.
Über die Perspektiven haben Sie viele Möglichkeiten, das Video interessant zu gestalten. Vermeiden Sie es, alles aus Ihrer Perspektive heraus zu filmen, und geben Sie dem Zuschauer eine Sicht auf die Dinge, die er sonst nicht hätte. Dabei kann es schon helfen, einfach mal in die Knie zu gehen. Aus der sogenannten Froschperspektive können Sie Objekte gezielt hervorheben. Ob ein Gebäude oder der Schlepper auf dem Feld – von unten wirken die Gegenstände wesentlich imposanter. Andersherum können Sie die Vogelperspektive gut dafür nutzen, dem Zuschauer einen Überblick zu verschaffen. Häufig kann man vom Boden aus gar nicht alle Elemente auf einem Bild erfassen, die man gerne zeigen möchte. Dann empfiehlt es sich, auf einer Leiter stehend einen Schwenk durch den Kuhstall zu machen. Drohnenaufnahmen aus der Luft werden immer häufiger genutzt, um die Feldarbeit oder die

Betriebsfläche zu zeigen. Sie geben dem Nutzer eine einmalige Sicht auf das Ganze. Diese Perspektive kann vor allem in der Tierhaltung ein entscheidendes Instrument sein. Denken Sie zum Beispiel an das Fressgitter. Was für den Landwirt ein gewöhnliches Bild ist, kann für den Verbraucher wie ein starres Fixieren der Tiere wirken. Um dem entgegenzuwirken (vgl. Fototipps von Anna Huber, S. 168), sollten Sie unbedingt zusätzlich einen Schwenk durch den Boxenlaufstall vornehmen.

Tipp

Gehen Sie während der Aufnahme bedacht mit der Zoomfunktion um, denn das entspricht nicht unserem natürlichen Sehverhalten. Sie sollten die Kamera außerdem ruhig bewegen. Schon für wenig Geld bekommen Sie neue und gebrauchte Stative, die Ihnen beim Fixieren der Kamera helfen.

Wenn Sie zwischen verschiedenen Kameraeinstellungen wechseln, können Sie eine gewisse Dynamik in das Video bringen. „agriKULTUR“ filmt mit einer Kamera auf dem Stativ in der Totalen, lässt parallel jedoch noch eine GoPro-Kamera mitlaufen, die am Kopf oder einer Maschine befestigt ist. Gerade über die Befestigung an der Stirn kann man die Zuschauer hautnah an einer Situation teilhaben lassen. Dies können Sie alternativ auch gewährleisten, indem Sie verschiedene Einstellungen mit einer Kamera aufnehmen und diese in der Bearbeitung entsprechend zusammenfügen.

Nach dem Dreh

Geschafft – nach dem Dreh folgt die große Erleichterung, das Material ist „im Kasten“. Nun geht es an die Sichtung und Verarbeitung der einzelnen Sequenzen. Zwar haben Sie im Nachhinein nur begrenzt Möglichkeiten, Einfluss auf die vorhandenen Aufnahmen zu nehmen, doch ist der Videoschnitt der zeitlich aufwendigste Teil der Videoproduktion.

Videoschnitt

■ Bearbeitungsprogramm

Genau wie bei der Kamera haben Sie auch für die Nachbearbeitung ein breites Portfolio zur Auswahl. Eine wichtige Grundlage für das Programm Ihrer Wahl sollte die Möglichkeit sein, mit mehreren Ebenen arbeiten zu können. Dies ermöglicht Ihnen, ein Logo, einen Schriftzug oder weitere Bildelemente über das Video zu legen. Bedenken Sie, dass die Videobearbeitung jeder Art eine höhere Rechenleistung erfordert als klassische Programme Ihrer Büroarbeit.

Thomas Fabry ist leidenschaftlicher Filmemacher.
Quelle: Anna Huber

Sequenzauswahl treffen

Die Grundlage für die Videobearbeitung stellt in erster Linie das Drehbuch dar, welches Sie sich vorher überlegt haben. Sequenz für Sequenz können Sie damit beginnen, Ihre Aufnahmen durchzuschauen und dabei schon eine erste Auswahl vorzunehmen. Auf Basis des zusammengestellten Materials legen Sie anschließend die Sequenzen dem Drehbuch entsprechend in das Schnittfenster.

Feintuning

Je nachdem, wie Ihre Inhalte vermittelt werden sollen, beginnt nun die Feinarbeit. O-Töne müssen genau angepasst, Wort und Bild in eine stimmige Abfolge gebracht werden. Durch das Arbeiten mit mehreren Ebenen können Sie Sachverhalte, die Sie im Video erklären, zusätzlich untermalen, indem Sie eine entsprechende Aufnahme über die passende Textpassage legen.

Musik hinzufügen

Bei der Musikauswahl ist es nicht immer gegeben, dass die Länge des Titels mit der Länge Ihres Videos übereinstimmt. Suchen Sie daher nach Stellen im Lied, die sich wiederholen. So können Sie zum Beispiel einen Refrain als Wiederholung nutzen, um eine Passage herauszunehmen oder zu doppeln, und so die Länge anpassen. Achten Sie außerdem darauf, dass Sie nach Möglichkeit die Lautstärke reduzieren, wenn gesprochen wird. Programme, die mit mehreren Ebenen arbeiten, bringen diese Funktion in der Regel mit sich. Unter dem Stichwort „Lautstärkenkurve“ können Sie die Musik an ausgewählten Stellen leiser und lauter regeln. Alternativ können Sie auch vor und nach der Passage, in der gesprochen wird, einen Schnitt in der Musikdatei setzen und den herausgetrennten Bereich komplett in seiner Lautstärke reduzieren. Allerdings fallen die Übergänge durch die unterschiedliche Lautstärke damit etwas stärker auf.

Filmen mit dem Smartphone

Um schöne Videos zu produzieren, braucht es oft nicht viel mehr als das, was Sie ohnehin meist immer bei sich tragen. Viele Smartphones sind mit einer sehr guten Kamera ausgestattet und stellen für professionelle Videokameras eine echte Konkurrenz dar.

Leistungsfähige Kamera

Ein Handy brauchen Sie in jedem Fall. Überlegen Sie sich, ob Sie eine Videokamera kaufen müssen. Eventuell ist es günstiger, einen Teil des Geldes, das Sie für eine neue Videokamera ausgeben würden, in ein besseres Mobiltelefon zu investieren.

- **Full HD und Speicherplatz**
Zu den wichtigen technischen Voraussetzungen gehört es, dass Ihre Smartphone-Kamera mit mindestens Full HD aufzeichnen kann und ausreichend Speicherkapazität vorhanden ist. Bei einem neuen iPhone erzielen Sie mit einer 4k-Aufnahme innerhalb von fünf Minuten bereits eine Datenmenge von fast 2 GB. Für Filmer sollte das Gerät demnach mindestens 64 GB Speicher mitbringen.

- **Handy als Alltagsbegleiter**
Das Handy haben Sie immer dabei, gerade weil in der Landwirtschaft auch unvorhergesehene Dinge passieren können. Dazu zählt sicherlich eine Geburt, die man dann gleich filmen kann.

- **Kontrastaufnahmen vermeiden**
Beim Filmen mit dem Handy sollten Sie starken Kontrast vermeiden. Aufnahmen mit Gegenlicht können mit einer richtigen Videokamera sehr schön werden. Doch mit der Handykamera verschwinden bei solchen Aufnahmen die Farben. Hier sind Videokameras klar im Vorteil, die einen höheren „Dynamikumfang" haben. Somit entstehen Aufnahmen, die der Wahrnehmung durch das menschliche Auge näherkommen.

- **Kein Zoomen**
Vermeiden Sie es, mit dem Handy zu zoomen, denn das führt zu starken Qualitätsverlusten. Wenn Sie etwas vergrößert darstellen wollen, dann gehen Sie näher an das Objekt heran.

- **Verwackeln vermeiden**
Für ein gutes Ergebnis ist es entscheidend, dass Sie das Handy während der Aufnahme ruhig halten – dabei ist das Anhalten der Luft nicht der Königsweg. Häufig verkrampft man gerade dann zu sehr, wenn man eigentlich eine lockere Kamerabewegung erreichen möchte. Wenn Sie frei aus der Hand filmen, dann führen Sie das Handy nahe am Körper. Wenn Sie filmen, müssen Sie mit dem ganzen Körper arbeiten, ruhig und locker sein. Wenn Sie einen gleichmäßigen Schwenk machen wollen, dann nehmen Sie das Handy nah an sich, schaffen viele Verbindungspunkte zu Ihrem Körper und drehen sich dann langsam. Belassen Sie beide Hände am Handy und legen beide Ellenbogen direkt an den Körper. Einen Schwenk können Sie nun aus den Beinen heraus machen. Über diese Methode haben Sie eine sehr stabile Haltung. Darüber hinaus gibt es auch einige Werkzeuge (Gimbals), die Ihnen bei einer ruhigen Kameraführung helfen.
Unterstützend kann hier auch ein kompaktes Dreibeinstativ sein. Einen sogenannten Gorillapod können Sie in verschiedene Positionen bringen und durch magnetische Füße vielfältig befestigen.

Externes Mikro verwenden
Gerade bei der oft recht hohen Geräuschkulisse, die in Betrieben herrscht, ist das, was Sie erzählen, manchmal nur schwer zu verstehen. Es ist daher unbedingt zu empfehlen, ein externes Mikrofon zu verwenden. Hier muss man noch einmal unterscheiden, was man genau aufzeichnen möchte. Für die eigene Stimme bieten sich vor allem Ansteckmikrofone an, die nahe am Mund fixiert werden können. Sowohl für die Stimme als auch für die Umgebungsgeräusche können Richtmikrofone eingesetzt werden. Diese zeichnen sich, wie der Name schon sagt, dadurch aus, dass sie den Ton aus der Richtung aufzeichnen, auf die sie ausgerichtet werden. Hier gibt es Modelle, die direkt an das Handy gesteckt und dann in jede Richtung gedreht werden können. Für ein Interview kann man auch ein Handmikrofon mit Kabel verwenden. Je nach Handy benötigen Sie für den Kopfhörer einen Klinke- oder Lightninganschluss.

Störungen vermeiden
Wenn Sie eine Aufnahme machen, während der Sie gerade etwas erklären, aktivieren Sie den Flugmodus. So vermeiden Sie, dass eingehende Anrufe oder Nachrichten Ihre Aufnahme stören.

Vorsicht bei Kunstlicht
Durch die Wechselspannung in unserem Netz und die Art, wie die Geräte aufnehmen, kann es beim Filmen unter Kunstlicht zu einem störenden Flackern kommen. Das tritt auch bei Videokameras auf. Hier hat man jedoch die Möglichkeit, mit verschiedenen Einstellungsparametern darauf zu reagieren. Wenn Sie mit dem Handy aufnehmen wollen, sollten Sie ggf. überlegen, ob Sie eine andere Lichtquelle hinzuziehen oder einen anderen Drehort wählen.

Interview mit Sönke Hauschild

Sönke Hauschild arbeitet beim Bauernverband Schleswig-Holstein und betreut dessen Social-Media-Aktivitäten.

Warum nutzen Sie Videos?

Sönke Hauschild: „Bilder sagen mehr als Worte, bewegte Bilder sagen noch mehr. Uns geht es nicht darum, jemanden an den Pranger zu stellen, sondern um Aufklärung. Ziel ist es, den Menschen das Denken zurückzugeben. Wer Dinge selbst beurteilen kann, ist immun gegen Fake-News aller Art. Eine Aufgabe, die übrigens weit über das Thema Landwirtschaft hinausgeht!“

Sönke Hauschild ist Mitarbeiter des Bauernverbandes Schleswig-Holstein und zuständig für die Bereiche Agrarstrukturen, Schweine und Fördermaßnahmen. Quelle: Anna Huber

Was zeichnet ein Video im Vergleich zu anderen Formaten (Bild, Text, Podcast) aus?

Sönke Hauschild: „Per Video lassen sich Geschichten besser erzählen, mehr Emotionen transportieren, authentischere Statements abgeben. Zum einen ist es emotional ein riesiger Unterschied, ob man zum Beispiel ein Foto aus dem Schweinestall betrachtet oder sieht, wie sich das Tier selbst bewegt. Zum anderen lassen bewegte Bilder eine bessere eigene Einschätzung des Gesehenen zu – vorausgesetzt, man filmt objektiv. Leider nutzen manche Filmer diesen Effekt, indem sie Bilder ‚zurechtstricken', damit diese gezielt Emotionen auslösen. Dem können wir nur begegnen, indem wir offen, echt und ehrlich Bilder zeigen."

Wie sollte ein Video vorbereitet werden?

Sönke Hauschild: „Am Beginn steht die feste Zusage, den Film erst nach Freigabe zu senden! Die Arbeit teilt sich zu je einem Drittel auf in Vorbereitung, Filmen und Nachbereitung. Ohne Vorbereitung kann man nicht einmal guten Slapstick machen! Also: Die Materie, die man filmt, zu kennen, ist eine Grundvoraussetzung. Dann erfolgt die Vorbereitung des Hauptakteurs: Er muss wissen, was auf ihn zukommt. Fragen dürfen gern vorab bekannt sein! Außerdem sollte ein Drehbuch vorliegen – und los gehts!"

Was zeichnet ein gutes Video aus?

Sönke Hauschild: „Sicherlich eine gewisse technische Mindestqualität. Aber kein Hochglanz! Authentizität ist oberste Prämisse. Der echte Bauer, der Hof im Alltag – wobei man vorher gerne Spinnweben fegen darf. Wackelige Bilder sind im Netz kein Hindernis, wenn es insgesamt

nicht zu nervös wird. Ein vom Winde verwehter Ton sollte vermieden werden. Das Motto sollte lauten: Fang mit dem Smartphone an und warte nicht auf die High-End-Kamera! Fang den Moment ein, gehe dicht ran, filme nicht nur den Akteur, sondern alles, was die Aussage bildlich unterlegt.
Inhaltlich sollte man unbedingt bei der Wahrheit bleiben! Erzähle (d) eine Geschichte! Vermittle die Botschaft, dass Landwirtschaft nicht nur anstrengend ist, sondern Freude macht.“

Wie können Landwirte neue Themen für Videos finden?
Sönke Hauschild: „Frage dich: Warum bin ich Bauer geworden? Das allein ergibt schon viele (tolle) Themen, die niemand besser transportieren kann als du selbst! Sieh dich bei Kritikern um: Wo ist Aufklärung wichtig? Aber nicht mit dem Zeigefinger agieren, sondern auf Augenhöhe! Was ist im Zusammenhang mit der Landwirtschaft schön, witzig, besonders ländlich? Was sollte jemand miterleben, der nicht vor Ort ist? Spaß, Unterhaltung und kleine Geschichten aus dem Alltag ziehen immer.“

Welche Tools erleichtern die praktische Umsetzung?
Sönke Hauschild: „Es ist notwendig, Filme zu schneiden sowie Ton und Bild trennen zu können. Zudem sollte man Texte einblenden können. Dazu gibt es verschiedene Programme, die mehr oder minder komplex, aber meist nicht sehr teuer sind. Wer einen neuen Schlepper fahren kann, der sollte sich vor dieser technischen Herausforderung nicht scheuen. Manchmal empfiehlt es sich, Musik zu unterlegen. Hier gibt es Seiten, die kostenlose Downloads bieten.“

Was sollte unbedingt beachtet werden?
Sönke Hauschild: „Unbedingt erforderlich ist, dass man die Wahrnehmungsschwelle überschreitet! Das kann durch Witz, Provokation oder einen Aha-Effekt geschehen. Oft beherrscht Angst die Themen Landwirtschaft und Lebensmittel. Zeige stattdessen Verständnis – wo ist der „Erklärbär“? Denke vom Zuschauer aus, nimm Beispiele aus seiner Welt, um ihm deine zu erklären und nimm seine Sprache. Lass den Zuschauer selbst denken. Erkläre nicht die ganze Welt, sondern gib ihm Anregungen, auf deren Basis er sich eine eigene Meinung bilden kann. Gerade zu Beginn sollte man den Film Bekannten zeigen, die der Zielgruppe entstammen. Kommt der Film an, ist er gut. Wenn nicht, höre genau hin. Mach es so, dass es dir selbst Freude macht, denn das merkt man dem Film an.“

XING UND LINKEDIN

Xing und LinkedIn

Jutta Zeisset

Businessportale als Netzwerkerweiterung

Xing

Xing hat eine Vielzahl von Gruppen, Events und Interessen, in denen sich Nutzer miteinander vernetzen können. Mit einem eigenen Xing-Profil haben Sie die Möglichkeit, mit Menschen aus allen Branchen in Kontakt zu treten und diese auch sehr gezielt zu finden.
In der sehr guten Suchfunktion (gilt auch für LinkedIn) finden Sie Jobs, Kontakte und Events, aber auch Firmenvertreter, die Sie sonst lange suchen müssten. Wenn Sie zum Beispiel in der Suchemaske ein Unternehmen eingeben, werden Ihnen alle Mitarbeiter angezeigt, in deren Profil die gesuchte Firma eingetragen ist.
In der erweiterten Suche können Sie noch detaillierter nach Mitgliedern, Jobs, Events, News, Gruppen und Unternehmen forschen.
Wie bei allen sozialen Netzwerken können bei Xing und LinkedIn auch private Nachrichten versendet und empfangen werden.
Gerade für Studierende bietet Xing eine ganz eigene Community von über 700 000 Studenten und das Netzwerk unterstützt Berufseinsteiger besonders aktiv bei der Jobsuche. Der XING-Campus führt Berufseinsteiger anhand von Tipps und Tricks durch den Bewerbungsdschungel und gibt einen Überblick über Berufe, die zu deren Studiengängen passen.

Als Netzwerkexpertin hält Jutta Zeisset Vorträge in verschiedensten Branchen.
Quelle: Anna Huber

Unter dem Menüpunkt Xing-Projekte lassen sich Ausschreibungen finden, die Bewerbungsmöglichkeiten bieten. Gerade für Freelancer ist dies eine ideale Plattform, um neue Aufträge für ihr Unternehmen zu generieren.
Für Unternehmen bietet Xing neben Eventlösungen und E-Recruiting auch Marketing-Lösungen an. Hier lohnt sich ein Klick durch die Reiter. Sie können dort ebenfalls eine Firmenseite anlegen und Ihr Unternehmen präsentieren. Nutzen Sie diese Möglichkeit, um auch in anderen Branchen bekannt zu werden.
Sie finden auf dem Eventmarkt eine Vielzahl an Veranstaltungen, die Sie besuchen können und haben so die Möglichkeit, neue Kontakte zu knüpfen und Ihr Netzwerk zu erweitern.

Nutzen Sie Xing und LinkedIn, um über den Tellerrand hinauszublicken.

Lassen Sie sich auf das Abenteuer ein und lernen Sie neue Branchen kennen.

LinkedIn

LinkedIn ist das weltweit größte berufliche soziale Netzwerk. Auffällig ist, dass gerade die Menschen, die sonst nicht in einem sozialen Netzwerk angemeldet sind, hier zu finden sind. Gerade dies sollte ein Grund sein, sich LinkedIn näher anzuschauen, um sich dort auf die Suche nach einem guten branchenübergreifenden Netzwerk zu machen.
Sie können Ihr Profil sehr vielfältig gestalten und es mit all Ihren Ausbildungen, Fortbildungen, ehrenamtlichen Tätigkeiten, Berufserfahrungen und Kenntnissen versehen. Scheuen Sie sich nicht davor, Ihren Lebenslauf anzugeben und Ihre Kenntnisse zu streuen.
Legen Sie ein sehr gutes Profilfoto an und formulieren Sie Ihren Profilslogan knackig und attraktiv.
Beim Klick auf Ihr Profilfoto in der Menüleiste können Sie alle Konto- und Datenschutzeinstellungen vornehmen. Im Bereich Kommunikation können Sie unter anderem die E-Mail-Benachrichtigungen Ihren Wünschen anpassen.

Nutzen Sie diesen großen Schatz an Kontakten, um Ihr Netzwerk zu erweitern. Es ist spannend, zu sehen, wie schnell Sie über solche Portale mit jemandem in Kontakt treten können.

Jutta Zeisset in ihrem Element.
Quelle: Anna Huber

Messenger-Marketing: WhatsApp & Co.

Jutta Zeisset

Messenger-Dienste ermöglichen Unternehmen den Informationsaustausch auf einer ganz neuen Ebene. Der Zugang zum privatesten Kanal der Kunden wirkt emotional, unmittelbar und verbindend – eine vertraute Kommunikation auf Augenhöhe.

Die Deutschen lieben Messenger: Mehr als jeder zweite Deutsche hat WhatsApp, Facebook-Messenger, Threema, Telegram, InstaMessage oder eine andere Messenger-App auf dem Smartphone installiert. Die intuitive Handhabung macht Messenger so beliebt. Selbstverständlich nutzt vor allem die junge smartphoneaffine Generation diese Art der Kommunikation. Es ist allerdings bemerkenswert, dass der Nutzeranteil gerade auch bei den 49- bis 55-Jährigen bei über 50 % liegt – Tendenz stark steigend.

Der Unternehmer, der es dem Kunden einfach macht, ihn zu erreichen, wird auf Dauer bestehen und erfolgreich sein.

Der Anbieter für WhatsApp-Marketing WhatsBroadcast sagt: „Je größer der Mehrwert einer Information, desto nützlicher wird die Nachricht wahrgenommen, die Akzeptanz für die Inhalte steigt.“
Daraus lässt sich schließen, dass die Frustrationsgrenze bei News per Messenger eklatant niedriger ist als bei anderen Portalen. Praktisch heißt das, dass Sie bis zu 3 Mal am Tag eine Neuigkeit per Messenger verschicken können und die Abonnenten sind nicht genervt.

WhatsApp als Unternehmen nutzen – Beispiel MuseumsCafé Hofladen Zeisset

Wir haben in unserem MuseumsCafé die Möglichkeit geschaffen, dass unsere Gäste und Kunden per WhatsApp reservieren, bestellen oder Gutscheine anfordern können.
Ein ideales Tool für mehr Selbstbestimmung: Eine WhatsApp-Nachricht kann man dann lesen, wann es einem zeitlich passt – einen Anruf hingegen muss man in der Regel sofort annehmen.
Wir sind sogar so weit gegangen, dass wir ab 18 Uhr nur noch WhatsApp-Nachrichten oder E-Mails als Kontaktmöglichkeiten zulassen. Es entspannt enorm, wenn Sie abends nicht mehr ans Telefon oder am nächsten Tag die Nachrichten auf dem Anrufbeantworter abhören müssen. Der Unterschied ist – Sie haben es in der Hand, wann Sie die Nachricht beantworten möchten. Gerade wir Direktvermarkter sind sehr oft auch abends für unsere Kunden ansprechbar, das raubt uns oft die Ruhe für den nächsten Tag. Diese selbstbestimmte Art der Kommunikation kann Ihren Geschäftsalltag entspannen.

Und was ist, wenn die ganze Zeit das Handy klingelt? Wenn Sie dieses Problem haben, dann läuft es bei Ihnen sehr gut. Dafür dürfen Sie dankbar sein! Meine Erfahrung in der 2-jährigen Praxis dieser Art von Kundenservice ist, dass sich das Smartphone etwa 3 bis 5 Mal pro Woche bezüglich einer Reservierung, Anfrage oder Bestellung meldet.

Interview mit Michael Bittner

Michael Bittner ist Deutschlands Erfinder der WhatsApp-Güllegruppe.

Wie nutzen Sie WhatsApp für Ihren landwirtschaftlichen Betrieb?

Michael Bittner: „Kurz gesagt, für alles! Ich führe einen kleinen landwirtschaftlichen Betrieb mit 70 Kühen plus Nachzucht, 50 ha landwirtschaftlicher Nutzfläche und einer kleinen Molkerei.
An 340 Tagen im Jahr stehe ich selbst im Melkstand zum Melken, morgens und abends je 2 Stunden. Während dieser Zeit delegiere ich unsere Auszubildenden, Aushilfen sowie Fahrer von Lohnunternehmen per Smartphone mit Headset. Bei uns stehen alle Tiere auf Stroh, das im Sommer zu uns auf den Betrieb gefahren werden muss. Dies sind rund 1000 Rundballen. Dazu sende ich Bilder der Flächen per WhatsApp an alle beteiligten Fahrer. Wir haben auch etliche WhatsApp-Gruppen, in denen beteiligte Personen zusammengefasst sind, zum Beispiel Maiserntegruppe, Hofsittergruppe, Gülleausbringgruppe – wenn ich nicht am Hof bin –, Milchgruppe für Mitarbeiter in meiner Molkerei sowie Mitarbeiter der Milchabnehmer."

Michael Bittner ist der Gründer der ersten WhatsApp-Güllegruppe. Quelle: Michael Bittner

Michael Bittner ist Landwirt und Vordenker. Bei ihm laufen die Informationsfäden zusammen.
Quelle: Michael Bittner

Wie sind Sie auf die Idee gekommen, Ihre Nachbarn gerade via WhatsApp über die Gülleausbringung zu informieren?

Michael Bittner: „Die erste WhatsApp-Gruppe entstand bei der Gülleausbringung. Vor einigen Jahren sprach mich eine Anwohnerin an, die an einer Fläche ein Kosmetikstudio betreibt. Deren Kunden hatten sich über den Geruch der Gülle beschwert. Weil ich keine Lust auf Streit hatte, vereinbarte ich mit ihr, sie zukünftig zu informieren, wenn eine Düngung ansteht, damit sie ihre Termine anpassen kann. Dies hat sehr schnell die Runde gemacht und andere Anwohner wollten auch Bescheid wissen, wann ich meine Gülle ausbringe.

Diese Art der Kommunikation wurde gut angenommen, und heute informiere ich nicht nur über Gülleausbringung, sondern auch über andere Arbeiten auf den Feldern. Das kommt wirklich sehr gut an und das Verhältnis zu den Angrenzern hat sich sehr gut entwickelt – einige Teilnehmer fragen auch schon mal, ob ihre Kinder mitfahren dürfen.“

Welchen Erfolg haben Sie mit dieser Art von Kommunikation erreicht?

Michael Bittner: „Ganz ehrlich, einen großen: Keinen Stress! Wenn Gülleausbringung oder Erntearbeiten anstehen, kann man keinen Stress gebrauchen, schon gar nicht mit Anwohnern. Warum also nicht fragen, ob es ihnen recht ist? Wir gehen auch auf die Wünsche unserer Angrenzer ein. Hat jemand zum Beispiel eine Gartenparty und erwartet Gäste, wird von unserer Seite selbstverständlich umgeplant, so gewinne ich Befürworter und Respekt. Nehme ich keine Rücksicht auf meine Anwohner, bin ich bei Gastgebern und Gästen unten durch. Nicht nur ich, sondern die ganze Branche gerät in Verruf.“

Nutzen Sie WhatsApp auch in anderen Situationen?

Michael Bittner: „Ich mache meine komplette Arbeitsorganisation und Öffentlichkeitsarbeit in einem. Es ist wirklich schön zu spüren, dass vielen Mitbürgern der Bauer um die Ecke und seine Arbeit eben nicht egal sind. Dies bekomme ich durch unser Entgegenkommen sehr stark gespiegelt. WhatsApp ist bei uns für alle Lebenslagen im Einsatz: Ist zum Beispiel ein Teil an einer Maschine defekt, geht das Foto des defekten Teils per WhatsApp zur Werkstatt, um danach zu fragen. Sofort wird es bestellt und zeitnah geliefert. So können wir auch Fehlfahrten verhindern und sparen Zeit, die wir für unsere Tiere gut gebrauchen können.

Ideal ist auch, wenn unsere Auszubildenden auf dem Feld sind und Arbeitsproben per Video schicken. So kann ich sehr schnell prüfen, ob die Arbeit in Ordnung ist oder nachgebessert werden muss.“

Was war für Sie das schönste Erlebnis mit WhatsApp?
Michael Bittner: „Vor einigen Wochen habe ich eine Fläche dazubekommen, an der einige Häuser stehen. Beim Mähen der Fläche habe ich kurz angehalten, um mich bei einer der Bewohnerinnen, die im Garten war, vorzustellen. Wir tauschten unsere Smartphonenummern aus und ich fragte, ob ich sie in eine Gruppe aufnehmen dürfe, um sie über Aktivitäten auf der Fläche zu informieren. Da sagte sie, dass sie darüber in der Zeitung gelesen habe und es toll fände, dass ich es diesem Bauern, der das erfunden hat, nachmachen würde. Ich verließ sie mit einem Schmunzeln im Gesicht."

Rechtliche Grundlagen: Was darf ich posten, was nicht?

Thomas Fabry

Die sozialen Netzwerke sind wohl das Medium, welches sich am schnellsten verändert und Nutzern immer wieder neue Funktionen zur Verfügung stellt. Entsprechend schwierig ist es, einen rechtlichen Rahmen in einem sich so schnell wandelnden Umfeld zu schaffen. Dieser Absatz soll dabei lediglich als Hinweis verstanden werden und stellt keinen Anspruch auf Vollständigkeit dar. Die Vergangenheit hat immer wieder gezeigt, dass Urteile auf Basis von Entscheidungen einzelner Landesgerichte getroffen wurden. Das macht die sozialen Netzwerke zu einem rechtlichen Graubereich. Für detaillierte Auskünfte ist die Kontaktaufnahme zu spezialisierten Anwälten zu empfehlen. (Hierüber gerne mehr im direkten Kontakt mit mir.) Meist informieren diese in ihren Blogs über neue Entscheidungen oder Verordnungen und darüber, welche Auswirkungen diese für die Online-Welt haben können. Einige Grundlagen möchten wir Ihnen an dieser Stelle dennoch mit auf den Weg geben, die Sie bei Ihrer Social-Media-Aktivität berücksichtigen sollten. Hierbei ist zu beachten, dass es in den jeweiligen Bereichen weitere Einzelfälle und Ausnahmesituationen gibt, weshalb Sie bei einem speziellen Anliegen in jedem Fall einen Anwalt hinzuziehen sollten.

Bei der Verwendung eines Bildes ohne die entsprechende Berücksichtigung der Rechte, müssen Sie mit einer kräftigen Abmahnung rechnen. Hier haben Sie dann nicht nur die Rechnung zu bezahlen, sondern sicherzustellen, dass das von Ihnen veröffentlichte Werk wieder aus dem Netz verschwindet.

Urheberrechtsgesetz (UrhG)

Das Gesetz über Urheberrecht ist ein Schutz von geistigem Eigentum, wie Schriftwerke, Musik, Licht- oder Filmbildwerke (siehe auch § 2, UrhG). Sind Sie Urheber eines Werks, zum Beispiel durch ein aufgenommenes Foto, dann dürfen Sie bestimmen, ob und wie das Werk zu veröffentlichen ist. Außerdem haben Sie das Recht, dass Ihr Werk mit einer Urheberbezeichnung versehen wird (siehe auch § 12f., UrhG). Andersherum sollten Sie daher vorsichtig sein, wenn Sie Bilder nutzen, die Sie nicht selbst aufgenommen haben. Über Suchmaschinen finden Sie Plattformen, die Ihnen Bilder oder Musik kostenlos für eine kommerzielle Verwendung zur Verfügung stellen. Achten Sie jedoch auch hier immer darauf, ob die Verwendung auf bestimmte Medien eingeschränkt ist und der Urheber genannt werden muss.

Die Rechte an Inhalten Dritter werden nicht übertragen, wenn man sie abfotografiert. Auch Logos stehen unter dem Schutz des Urheberrechts. Achten Sie bei der Verwendung von Logos außerdem auf die korrekte Darstellung; viele Unternehmen geben dazu entsprechende Markenrichtlinien heraus.

Eine weitere Grauzone, die sich im Netz immer wieder beobachten lässt, ist das Einbinden von Fernseh- oder Zeitungsausschnitten in eigene Beiträge. Für Inhalte Dritter gilt dabei zunächst auch das Urheberrechtsgesetz. Eine Veröffentlichung auf eigenen Plattformen ist nur dann rechtmäßig, wenn lediglich Auszüge des ursprünglichen Beitrags als Zitat in die eigenen Inhalte einfließen. Hier kann nur zur Vorsicht geraten werden.

Recht am eigenen Bild

Sicher haben Sie schon öfter auf einer öffentlichen Veranstaltung oder Messe fotografiert. Mit dem Handy ist es leicht, direkt von der Veranstaltung mit einigen Bildern im Netz zu berichten. Bedenken Sie dabei: Nur weil eine Person an einer öffentlichen Veranstaltung teilnimmt, erteilt diese damit keine Einwilligung für die Veröffentlichung von Bildern der eigenen Person (siehe auch § 23, KunstUrhG). Entscheidend dabei ist, wie Sie die Perspektive der Aufnahme wählen. Fotografieren Sie in die Personenmenge hinein, ohne dass Einzelpersonen zu erkennen sind, so verletzen Sie auch keine Persönlichkeitsrechte.

Ist eine Person deutlich zu erkennen, dann veröffentlichen Sie dieses Bild nur dann, wenn Sie eine schriftliche Einverständniserklärung der betroffenen Person haben.

Schärfere Bestimmungen für Bilder von Kindern

Besonderheiten gibt es zudem bei der gesetzlichen Regelung von Kinderbildern. Bei Kindern unter 14 Jahren müssen die Eltern einwilligen und bei Kindern zwischen 14 und 18 Jahren müssen Eltern und Kinder ihre Zustimmung erteilen.

Foto-Tipps vom Profi

Anna Huber (Fotografin)

Seien Sie mal ehrlich, was schauen Sie sich im Internet und in sozialen Netzwerken am liebsten an? Was spricht Sie an? Ein langer Text ohne Absätze, Bilder oder Highlights? Wohl eher nicht.
Ziehen Sie die Aufmerksamkeit auf sich. Posten Sie Texte mit Fotos und Videos. Ihr Beitrag erreicht deutlich mehr Menschen, wenn er mit einem ansprechenden Bild oder Video versehen ist. Im Zeitalter des Smartphones mit integrierter Kamera ist das kein Problem mehr.
Seien Sie mutig und probieren Sie es aus. Sie werden sehen, es funktioniert.
Was aber ist, wenn Sie keine Ahnung vom Fotografieren haben? Ihre Bilder sind langweilig, zu hell, zu dunkel, verwackelt und absolut nichts für die Außenwelt? Das lässt sich ändern.
Sie brauchen keine Profiausstattung, um mit ein paar Tricks ansprechende Fotos für Ihre Beiträge zu gestalten. Halten Sie sich an die folgenden Tipps und Sie werden eine deutliche Qualitätssteigerung erreichen.

Tipp 1: Das richtige Licht

Das richtige Licht ist das Wichtigste für Ihre Fotos. Ohne Licht kein Foto. Machen Sie es sich einfach. Schaffen Sie eine einheitlich helle Lichtsituation.

Fotografieren Sie, wenn die Sonne weit unten steht.

Im Freien fotografieren (Outdoor)

Die Sonne wirkt wie ein Strahler. Kommt sie von oben, entsteht ein hartes Licht mit vielen unterschiedlichen Lichtverhältnissen.

Fotografieren Sie in der Abendsonne. Quelle: Anna Huber

Für Landschaftsaufnahmen ist Sonne sehr schön. Wenn Sie jedoch Ihren Partner oder Hund, Ihre Katze oder Maus fotografieren, entstehen bei diesen Lichtverhältnissen Schatten um die Augen, die mehr an einen Pandabären erinnern als an das Original. Gehen Sie früh morgens oder abends raus, um Fotos zu machen.
So haben Sie ein wunderschönes sanftes Licht und keiner beschwert sich über „Pandaaugen". Man kann natürlich nicht immer nur morgens und abends fotografieren. Wenn zum Beispiel zur Mittagszeit die frisch geschlüpften Küken endlich ihren Stall verlassen, um den Hof zu erkunden, kann man nicht warten, bis das Licht schön ist. Versuchen Sie in diesen Fällen, die Tiere ganz in die Sonne oder ganz in den Schatten zu locken.

In Räumen fotografieren (Indoor)

Innen wird es schwieriger, die richtigen Lichtverhältnisse zu schaffen. Oft ist es dunkel und die einzige Lichtquelle ist das Stalllicht von oben. Ähnlich wie bei der Mittagssonne entstehen unschöne Schatten. Ist das Licht nicht hell genug, verwackeln die Bilder, sobald sich etwas bewegt. Das kann schön sein, es sollte aber auch manchmal ein scharfes Bild gepostet werden. Gehen Sie ans Fenster. Nutzen Sie das Tageslicht, das von außen einfällt. Setzen Sie, falls keine Fenster vorhanden sind, künstliches Licht ein. Das kann eine Taschenlampe, ein Baustrahler oder sogar das Licht des Smartphones sein. Bewegen Sie die Lichtquellen und schauen Sie, was passiert. Setzen Sie die wichtigen Dinge ins richtige Licht.

Tipp 2: Perspektive

Die richtige Perspektive spielt eine sehr große Rolle. Am besten bekannt sind die Vogelperspektive (von oben fotografieren) und die Froschperspektive (von unten fotografieren). Nutzen Sie diese Gestal-

Fotografieren Sie Ihr gewähltes Motiv aus verschiedenen Perspektiven. Quelle: Anna Huber

Fotografieren Sie auf Augenhöhe.
Quelle: Anna Huber

tungsmethoden aktiv. Gehen Sie in die Hocke, legen Sie sich auf den Boden und steigen Sie auf Leitern. Fotografieren Sie von unterschiedlichen Richtungen, aus verschiedenen Entfernungen und bewegen Sie sich um das Motiv herum. Ihrer Fantasie sind keine Grenzen gesetzt. Bei Menschen und Tieren ist es ratsam, auf Augenhöhe zu fotografieren. Gehen Sie zum Beispiel bei Kindern und kleinen Tieren auf deren Höhe. Setzt oder legt sich das Motiv hin, dann wechseln auch Sie Ihre Position. Sie werden schnell merken, dass bereits kleine Perspektivveränderungen eine große Wirkung auf Ihr Bild haben können.

Tipp 3: Goldener Schnitt – die Drittel-Regel

Machen Sie Ihr Foto interessanter, indem Sie den wichtigsten Teil des Bildes nicht mittig, sondern an den Rand setzen. Teilen Sie hierfür das Bild in 9 gleich große Teile auf. Platzieren Sie das gewünschte Motiv ein Drittel vom Rand oben bzw. unten entfernt. Bei vielen Kameras und Smartphones lassen sich die Linien direkt einblenden. Die Drittel-Regel ist eine einfache und effektive Gestaltungsmöglichkeit, die Ihr Foto optisch sofort aufwertet.

Tipp 4: Tiefenschärfe

Die Tiefenschärfe ist mein persönliches Lieblingsstilmittel. Das Auge wird auf das Wesentliche im Bild gelenkt. Es werden nur die wichtigsten Teile des Bildes scharf abgebildet, der Rest bleibt unscharf. Das Auge weiß, wo es hinschauen soll. Wie man unterschiedliche Schärfeebenen erreicht, ist Übungssache.
Testen Sie folgende Tricks: Gehen Sie nah an das scharf abzubildende Motiv heran. Schaffen Sie viel Raum zwischen dem scharfen und unscharfen Bereich. Haben Sie eine Kamera, an der man die Blende einstellen kann, dann öffnen Sie diese so weit wie möglich. Am wichtigsten ist aber tatsächlich: Üben Sie das Fotografieren mit Tiefenschärfe.

Fotografieren Sie wichtige Motive nicht immer mittig.
Quelle: Anna Huber

Eine gute Übung: Fotografieren Sie Ihr Essen jeden Tag. Gehen Sie auf Tellerhöhe, legen Sie Ihre Kamera auf den Tisch. Platzieren Sie Kartoffeln, Fleisch und Gemüse hintereinander und gehen Sie ganz dicht heran. Wenden Sie das Erlernte auf andere Motive an, sodass Ihre Beiträge nicht nur aus Gemüse bestehen.

Tipp 5: Hinsehen und ausprobieren

Die Welt der digitalen Fotografie setzt Ihnen keine Grenzen. Unsere Umgebung ist voll von schönen Motiven. Sehen Sie hin und beobachten Sie Ihre potenziellen Aufnahmeobjekte. Ob es das vom Licht durchleuchtete Getreide auf dem Acker, das Lachen der Menschen um Sie

Lenken Sie das Auge auf das Wesentliche.
Quelle: Anna Huber

Details entdecken und festhalten.
Quelle: Anna Huber

herum oder einfach ein Schild an Ihrer Hauswand ist – gehen Sie mit offenen Augen über Ihren Hof. Sie werden unendlich viele Details entdecken. Achten Sie dabei immer auf das, was sich hinter, vor und um Ihr Motiv herum bewegt. Sehen Sie sich um und entfernen Sie störende Dinge im Hintergrund, bevor Sie ein Foto machen. Schauen Sie, was Sie als Erstes auf Ihrem Foto sehen. Ist es das, was Sie zeigen wollen? Wenn nicht, ändern Sie es durch die oben genannten Stilmittel.
Last but not least – haben Sie Spaß an der Fotografie. Machen Sie Experimente, testen Sie, was Ihren Followern gefällt. Bearbeiten Sie Ihre Bilder, setzen Sie Texte hinein. Mit den heutigen Smartphones und kostenlosen Bildprogrammen ist alles möglich, man muss es nur ausprobieren. Ich freue mich, Ihnen zu folgen!

SERVICE

Autorenporträts

Quelle: Anna Huber

■ **Jutta Zeisset jutta@zeisset.de**

Aufgewachsen auf dem Hühnerhof ihrer Eltern lernte Jutta Zeisset schon früh, anzupacken und nicht lange um den heißen Brei herumzureden. Nachdem sie als junge Frau im Jahr 2002 den Hof ihrer Eltern im beschaulichen Weisweil übernommen hatte, ging es steil bergauf. Aus dem Zwei-Mann-Betrieb mit einer Aushilfskraft machte die gelernte Gärtnerin ein florierendes Café und einen Hofladen, ihr Vater baute zwischenzeitlich ein liebenswertes Heimatmuseum auf. Jutta Zeisset beschäftigt mittlerweile 30 Mitarbeiter. Gemeinsam machen sie viele Stammkunden und Gäste aus ganz Deutschland mit leckeren selbst gebackenen Kuchen und Torten, Steinofenbrot und diversen Spezialitäten satt und glücklich.
Jutta Zeissets Erfolgsrezept ist neben ihrer Leidenschaft und Zielstrebigkeit ihr gutes Gespür und fundiertes Wissen im Social-Media-Marketing: Auf Facebook hat das MuseumsCafé über 13 000 Follower (Stand 2018) – Tendenz steigend. 16 000 folgen dem Geschehen auf dem Hofe Zeisset auf allen Social-Media-Plattformen zusammen. Der Online-Erfolg kommt nicht von ungefähr, denn Jutta Zeisset schloss 2015 ein Studium als Social-Media- und Online-Marketing-Managerin an der TU in Graz mit Auszeichnung ab.
Die Zutaten für ihren Erfolg teilt Jutta Zeisset gerne mit anderen: Bundesweit ist sie eine begehrte Rednerin und zeigt in Workshops Landwirten, Landfrauen und Menschen in Kleinunternehmen, Verbänden, Vereinen und sogar Ministerien, wie sie andere über Soziale Medien begeistern können. In ihrer eigenen Agentur für Social Media und Webdesign tüftelt sie auf dem heimischen Hof an Webseiten, Social-Media-Strategien und zukunftsweisenden Ideen für ihre Kunden. Ihre Kreativität, Zielstrebigkeit und authentische Art machen die 37-Jährige heute zur Vorzeigeunternehmerin. Jutta Zeisset gilt als ein Positivbeispiel für die Innovationskraft von Kleinunternehmern und wurde daher in den ersten Facebook-KMU-Beirat Deutschlands berufen. Längst berichteten Fachmedien, Fernsehen und Presse über den Erfolg des MuseumsCafés Zeisset. Dieser beruht auch auf einem guten Netzwerk engagierter Menschen aus dem ländlichen Raum (Text: nach Friederike Vees).

Quelle: Anna Huber

Thomas Fabry thomas.fabry@fabrykant.de

Thomas Fabry studiert Landwirtschaft an der Hochschule Osnabrück im Masterprofil Medien- und CSR-Kommunikation, er ist zertifizierter Social-Media-Manager der Social-Media-Akademie.
Zusammen mit anderen Studenten gründete Fabry die Facebook-Seite „Massentierhaltung aufgedeckt“ und einen gemeinnützigen Verein „Tierhaltung – modern und transparent e.V.“. Im Zusammenschluss von sieben Gründungsmitgliedern haben sie es sich zur Aufgabe gemacht, sachlich fundiert über die moderne Tierhaltung aufzuklären. Als Vorsitzender des gemeinnützigen Vereins treibt Thomas Fabry die Öffentlichkeitsarbeit voran und baut den Onlineauftritt des Vereins aus.
Darüber hinaus wirkt er im Team von „Ich liebe Landwirtschaft“ mit. Zusammen mit Jutta Zeisset und Gabriele Mörixmann berichtet er auf allen sozialen Netzwerken über die Vielfalt der Landwirtschaft.
Für dieses Engagement wurde Fabry mit dem Landstern 2016, dem Förderpreis der Agrarwirtschaft 2016, dem Gerd Sonnleitner-Preis 2017 und dem internationalen DLG-Preis 2017 bereits viermal ausgezeichnet.
Thomas Fabry war bereits Ansprechpartner zum Thema Landwirtschaft im ZDF Morgenmagazin, in der Welt am Sonntag, beim WDR 2/5, in der Frankfurter Allgemeinen Zeitung, in der Neuen Osnabrücker Zeitung und in diversen lokalen Zeitungen.
Seine Erfahrungen präsentiert er auch regelmäßig in Vorträgen einem interessierten Fachpublikum.
Das Studium und die Ehrenämter finanziert Fabry über seine freiberuflichen Tätigkeiten als „FABRYKANT“. Als Filmemacher bedient er Videoanfragen entlang der gesamten landwirtschaftlichen Branche. Das Gewerbe soll nach dem Studium sein zweites Standbein für den landwirtschaftlichen Familienbetrieb sein.

Quelle: Anna Huber

Anna Huber info@annafoto.de

Anna Huber merkte während ihres Studiums im Bereich Public Management schnell, dass ihr wahres Herz für die Fotografie schlägt. 2005 begann sie deshalb ihre Ausbildung zur Fotografin in Freiburg und Emmendingen. Nachdem sie die Ausbildung erfolgreich beendete, arbeitete sie 5 Jahre als angestellte Fotografin in einem renommierten Porträtstudio.
Inzwischen ist sie verheiratet und Mutter von zwei Töchtern.
2013 machte sie sich selbstständig und fotografiert seitdem vor allem Business-, People- und Hochzeitsmotive.
Ihre Leidenschaft ist die natürliche und emotionale Fotografie. Sie liebt es, die Menschen authentisch und echt darzustellen. Seit 2014 gibt sie ihr Wissen auch weiter und bildet Fotografinnen und Fotografen aus.
Da Anna Huber in einem kleinen Ort mit 2000 Einwohnern lebt und arbeitet, ist das Internet ihr digitales Schaufenster. Auf Laufkundschaft ist sie nicht mehr angewiesen und hat durch die Sozialen Medien Kunden in ganz Deutschland und Europa.

Bildquellen

Seiten 22/23, 26/27, 30/31, 64/65, 80/81, 88/89, 108/109, 130/131, 154/155: Atelier PARTU

Die in diesem Buch enthaltenen Empfehlungen und Angaben sind von den Autoren mit größter Sorgfalt zusammengestellt und geprüft worden. Eine Garantie für die Richtigkeit der Angaben kann aber nicht gegeben werden. Autorin/Autor und Verlag übernehmen keine Haftung für Schäden und Unfälle. Bitte setzen Sie bei der Anwendung der in diesem Buch enthaltenen Empfehlungen Ihr persönliches Urteilsvermögen ein.
Der Verlag Eugen Ulmer ist nicht verantwortlich für die Inhalte der im Buch genannten Webseiten.

Bibliografische Information der Deutschen Nationalbibliothek
Die Deutsche Nationalbibliothek verzeichnet diese Publikation in der Deutschen Nationalbibliografie; detaillierte bibliografische Daten sind im Internet über http://dnb.d-nb.de abrufbar.

Wollgrasweg 41, 70599 Stuttgart (Hohenheim)
E-Mail: info@ulmer.de
Internet: www.ulmer.de
Lektorat: Verena Knigge, Sabine Grobis, Sabine Bartsch
Herstellung: Verlag Eugen Ulmer
Umschlag-Konzeption: Ruska, Martín, Associates GmbH, Berlin
Umschlag-Gestaltung: Antje Warnecke, nordendesign.de
Umschlag-Abbildung: Atelier PARTU
Satz: Fotosatz Buck, Kumhausen
Druck und Bindung: Westermann Druck, Zwickau
Printed in Germany

ISBN 978-3-8186-0383-0

Familie und Betrieb unter einen Hut bekommen

Der landwirtschaftliche Familienbetrieb.

Stärken nutzen, Herausforderungen meistern. M. Aselmeier, R. Brauch, T. Dietrich, E.-M.Schüle. 2017. 176 Seiten, 14 farbige Zeichnungen, Klappenbroschur.

ISBN 978-3-8186-0069-3.

Landwirtschaftliche Familienbetriebe sind eine starke Konstruktion. Doch wenn man als Familie zusammen lebt und arbeitet, sind Konflikte oft vorprogrammiert. Überlastung, Hofübergabe und Generationskonflikte führen zu Spannungen, unter denen oft alle, aber immer zumindest Teile der Familie leiden. Hier können die im Buch aufgezeigten neuen Blickrichtungen und Wege helfen, entscheidende Veränderungen anzustoßen. Die erfahrenen Familienberater helfen Ihnen dabei, Wahrnehmung und Kommunikation zu trainieren, die eigene Familie und den Betrieb einzuschätzen, Potenziale zu erkennen und sie so einzusetzen, dass es allen gut geht.